U0923934

Park City

公园城市

谢正义 著

江苏人民出版社

图书在版编目（CIP）数据

公园城市 / 谢正义著. -- 南京：江苏人民出版社，2018.12

ISBN 978-7-214-22411-8

Ⅰ. ①公… Ⅱ. ①谢… Ⅲ. ①城市规划 – 研究 Ⅳ. ①TU984

中国版本图书馆CIP数据核字（2018）第185788号

书　　名	**公园城市**
著　　者	谢正义
策划编辑	徐　海
责任编辑	唐爱萍　强　薇
责任校对	黄　山
装帧设计	刘葶葶
出版发行	江苏人民出版社
出版社地址	南京市湖南路1号A楼，邮编：210009
出版社网址	http://www.jspph.com
照　　排	江苏凤凰制版有限公司
印　　刷	江苏凤凰新华印务有限公司
开　　本	718毫米×1000毫米　1/16
印　　张	15
字　　数	168千字
版　　次	2018年12月第1版　2019年7月第2次印刷
标准书号	ISBN 978-7-214-22411-8
定　　价	78.00元

序　言

2018 年 1 月，习近平总书记在成都视察时，要求规划好建设好公园城市。他强调，绿化祖国要坚持以人民为中心的发展思想，明确提出“一个城市的预期就是整个城市就是一个大公园，老百姓走出来就像在自己家里的花园一样”。“公园城市”的提出，是中国城市建设理论的一次升华，为我国城市高质量发展和高品质建设指明了方向。

近年来，随着我国城市化的高质量发展和人民对美好生活的追求，城市公园越来越成为城市规划建设的重要内容。关于城市公园的著作有很多，其中不乏精品力作。这些书的作者通常是两类人：一是城市规划、建筑、园林景观设计方面的专家，侧重理论、技术、工艺；二是城市建设的评论家、社会学家，往往是在城市公园建设完成之后进行评论和思考，缺少对公园建设过程的全面了解，其结论有些理想化的成分。

这些著作还有一个共同点，即绝大部分谈的是单个公园以及公园对周边的影响，没有把城市作为一个大公园来进行整体研究。更重要的一点，就是现在关于城市化和城市公园的经典著作，基本都由西方人所写，从西方的文化和西方的国情出发写城市和公园，我们不能完全照搬。

扬州作为历史文化名城，以扬州园林闻名于世，但扬州“园林多是宅”，且以私家园林为主。这几年，我们大力推进开放式公园建设，到 2018 年扬州举办江苏省第 19 届运动会、第 10 届园艺博览会时，共建设了 350 个公园，其中主城区已建成开放公园 200 多个，基本实现主城区居民步行 10 分钟就可以到达公园。在扬州，人民群众这几年最满意的民生工程，是公园体系建设；外来旅游旅行者印象最深、点赞最多的，是扬州的公园；媒体关注最多、报道最多的，也是我们对公园城市建设的探索与实践。2017 年 9 月，江苏省委省政府在扬州召开全省城市治理与服务工作现场推进会，会议安排晚上参观，想看看扬州人晚上在干什么，代表们看完后留下深刻印象的主要也是公园。

通过我们这些年公园城市建设的实践总结和具体的案例分析，我想在本书中表述以下几个观点：

——公园姓“公”。公园首要的，也是最主要的标志，是免费向公众开放。只有免费的才是无门槛的；只有面向所有人开放，才是真正意义上的公共活动空间。公园之“公”，是面向所有人的，男女老少，正常人、残疾人，都可以在这里便捷而舒适地找到他们喜欢的活动方式。当然，既然是公园，那就必须具有公园的特性和要素。那种大面积水泥石材铺装的公共空间是广场，更适合于集会与仪式，而不太适合市民的休闲健身，不是我们所讲的公园。

——公园要“动”。古典园林是小中见大、以静为主，而公园作为开放的公共空间，要动静结合、以动为主。生态体育休闲文化公园，应当是生态为基、运动为本，叠加休闲、文化功能。有活力和吸引力的公园必定是天天要用的、体育设施完备的公园，是体育公园。

——位置为“王”。什么样的公园最好？外来游客自然是以大、以美、以好看好玩来评价的，但对生活在这个城市的老百姓来说，公园不在乎大小，家门口的公园最好。不少城市花了很大代价，在远离市区的地方建起了一些“大而美”的大型郊野公园。然而，这样的公园再大再美再好，却只能在周末、假期去观赏、游玩，市民不可能天天走那么远去休闲健身。城市公园的第一价值是位置。公园应该建在老百姓身边，而且分布均衡，让所有市民均等方便可达，只有这样，才能让公园成为老百姓日常生活的组成部分。**均等可达是衡量一座城市是否是“公园城市”的第一标识。**对城市管理者来说，推动公园城市建设最大的挑战，就是看舍不舍得在人口密集、商业价值高的地方辟出一块地方建设城市公园。

——公园是宜居城市的“标配”。都说“城市让生活更美好”，城市固然比农村机会更多、生活更好，但“城市病”却不少。大中小城市问题不一，但有不少共同点：一是与农村生活相比，城市市民每天上班下班，只沿两点一线活动，很多人还开车上班，这样一来，每天的劳动量和活动量大大减少，需要靠运动量来弥补；二是城市生态环境比农村差，无论是空气质量，还是视觉感受，都比农村要差很多；三是与农村和小城镇相比，城市里人与人之间的关系相对疏远了。这些问题都可以通过公园来缓解。公园还是城市安全不可或缺的“气眼”。对于城市来说，公园并不是一种可有可无的奢侈品，而是城市重要的基础设施、功能设施，是市民生活的必需品。

——公园体现并创造着城市的永恒价值。城市公园不仅造福今人，也泽被后世；不仅有着明显的生态价值，而且也具有日益广泛的社会效应；公园在塑造城市，也在塑造着生活在城市里的人；公园不仅让本地人有归属感，而且有助于外来旅游旅行者快速融入这个城市；公园不仅是民生工程，而且是城区经济尤其是现代服务业发展的催化剂。好风景的地方有新经济，城区公园旁可以产生更大的创新力和生产力，公园促进城市二次增长。

——城市决策层是公园建设的决定性力量。公园建设不仅反映城市管理者对公园价值的认识水平，也反映出城市管理者的人民立场与站位，以及在有限的履职时间里，对城市局部利益与整体利益、眼前利益与长远利益的权衡。

——走中国特色的现代公园城市建设之路。中国传统园林造园技法博大精深，独树一帜，中国人的行为方式深受中国传统文化的浸润，这就决定了中国的公园与西方公园有着诸多认知和审美上的差异。对当下中国的城市化来说，公园城市建设不仅是一项民生工程，也是美丽中国和健康中国建设的有效结合点。新城“公园 +”可能是中国城市化发展的一种新模式，老城“+ 公园”则是城市“双修”的现实着力点。

过去几年，我先后担任扬州市市长和市委书记，有一段相对连续的时间来思考和研究同一座城市。新时代城市高质量发展，一方面取决于对外交通及内部基础设施的完善和创新能力的增强，另一方面，要全面贯彻中央城市工作会议精神，坚持以人民为中心，打造生态城市、美丽城市、健康城市，其重要抓手和现实着力点就是规划建设公园城市。本书从一个城市一线工作者的视角，把这些年建设公园城市过程中的学习、实践和思考进行了总结和梳理，目的是对当下中国的城市建设如何践行以人民为中心的发展思想、如何推进绿色发展、如何满足人民群众对城市美好生活的向往和需求，以及如何从城市全局考量推动公园城市建设，尝试提出一个有实务性操作参考意义的样本。

这本书中的观点，来自于我们在扬州的实践，也来自于市民和来宾的评述，来自于我们在实践、观察和倾听后的思考。书中选用的案例，是我们这几年新建的、有代表性的公园，或是在世界上有影响力的公园。这些国内外的公园，都是我们到现场去考察、调研过的。

这本书的主题是公园城市，切入点是社会现象，写的是我们对现代城市的理解，是对人们日益增长的美好生活向往的理解，是对习近平新时代中国特色社会主义思想的实践性理解。

目录

引子：我们的城市为什么有那么多广场舞？

在我国大中小城市里有一个十分普遍的现象——广场舞。对于风靡大江南北的广场舞热，有几个问题值得冷思考：

第一，为什么现在中国的城市里有那么多广场舞，而以前没有？大家会一致认为：现在老百姓的生活水平提高了，人们都追求健康，都比较注意锻炼了。以前连饭都吃不饱，去跳什么广场舞？

第二，在生活条件比我们好得多的发达国家的城市为什么没有广场舞，而在我们国家的城市里广场舞却如此盛行呢？这个问题的回答很多，比较集中的看法是：这是我们中国人的习惯，没事就喜欢聚在一起乐一乐。现在陪子女在国外生活的大妈们不也时常在国外跳广场舞嘛！

接下来的第三个问题是，为什么同样是受儒家文化影响、人口密度比我们大得多的日本、新加坡没有广场舞，甚至同样是中国的台湾、香港，广场舞也那么少呢？这个问题的回答五花八门，但是好像都难以令人信服。

人们对美好生活的向往是不断提升的。当温饱、住房、就业等基本需求满足后，人们对健康、快乐的本质需求越来越迫切。跳广场舞有诸多的好处：锻炼了身体，结识了朋友，扩大了人与人之间的交流。但广场舞的弊端也很明显：一是广场舞其实是集体舞，大多数广场舞并不是真正在大广场上跳的，场地一般比较小，有的就在车水马龙的路边空地跳，环境不好，尤其是空气质量比较差；二是噪音扰民，由此引发的矛盾纠纷时有所闻；三是锻炼方式单一，健身效果不佳；四是跳广场舞需要有组织者、服务者，自主性差。更主要的弊端，还在于对家庭的影响：跳广场舞是集体活动，需要有统一的时间，通常是在傍晚，到点了就要去参加，而家庭成员回来吃晚饭的时间不一，往往一家人一顿饭还没吃完，其中某一个人，通常是老人，就急匆匆地出门了。久而久之，家庭难免会产生许多矛盾。

那么，为什么有那么多的人会去跳广场舞呢？**究其原因，主要是我们城市的公共活动空间严重缺失。**人们跳广场舞，有一部分是在广场，更多的人是在路边街头、门前楼后，或小区中间的空地上。

广场舞街景

大家去跳广场舞，一是就近方便，二是简单易学。广场舞花样繁多，千姿百态，但是都有一个共同的特征——原地转悠。

对于许多人来说，跳广场舞其实是无奈之举。可以设想一下，如果小区旁边有一个公园，里边有一圈跑道，有小广场，有儿童游玩设施，还有几个篮球架子，那么一家人每天晚上聚在一起，宽宽松松、开开心心吃完饭，一起收拾好桌子碗筷，一家子出门去附近的公园，老人散散步，碰到街坊邻里凑到一块聊聊天，年轻人走走路、出出汗，小孩子三五一群嬉戏打闹，一家老小各得其所、各乐其乐。活动个把小时回来，盥洗停当后，或阅读，或看电视，或休息，可谓从从容容、逸逸当当。如果我们城市里有这样的公园条件，有多种活动方式可供人们选择，大家又何必去跳广场舞呢？至于在国外陪子女生活的大妈们之所以跳广场舞，那主要是因为中国人在外语言相通，有互相交流的需要。而且她们跳舞主要在上午，在不是市中心的公园里，锻炼身体不是她们的主要目的。

仔细观察就能发现：不同的城市中，凡是公园比较多、比较密的地方，广场舞就少；同一个城市的不同地区，哪里的公园多、功能全，哪里的广场舞就少；同一个城市的同一个地区，以前没有公园，后来建了公园的，跳广场舞的人也会大幅减少。

由此看来，广场舞在中国的兴起，一方面反映出人民生活水平提高后对健康快乐的新追求；另一方面折射出我们的城市，无论是大城市、中小城市，无论是南方还是北方、东部还是西部，普遍存在着一个不容忽视的问题，那就是绿色生态的、功能齐全的公共活动空间——城市公园的缺失。

公共活动空间的缺失，是许多“城市病”的根源。大、中、小城市，不同的城市有不同的“城市病”：大城市是交通堵塞，大都市成了“大堵市”；小城市是人少，公共服务不足，有的成了“空城”“鬼城”。

但也有一些共性问题，“城市病”最终都会反映到居住在城市的人身上。

当今中国已经进入老龄化社会，老龄人口占人口的比重不断提高。在许多家庭中，跳广场舞的一般是中老年人，而且以女性居多。由于居住地附近缺少公共活动空间，更多的老人只能在家里狭小的空间中活动，没事就看看电视，孤独寂寞，缺少必要的户外运动，缺少经常性的人际交流。虽然现在不少地方办起了老年大学，丰富了老年人的业余生活，但是在一座城市中，老年大学至多也就那么几所，远远无法满足广大老年人的需求。长期以往，老年人的社会交往能力、思维能力必然会下降。

对中青年来说，他们在单位是业务骨干，在家中是顶梁柱，上班忙忙碌碌，为事业打拼，工作压力很大，到了晚上，要么去餐馆、棋牌室吃吃喝喝、打打闹闹，要么就“宅”在家里看看电视、上上网、玩玩手机，一个晚上就这样不知不觉过去了。天长日久，“三高”就出来了。特别是沉湎于电脑、手机，缺少必要的身体锻炼，缺少人际交往，势必造成身体素质的下降和人际关系的疏远，对一个人的身心健康极为不利。

对于少年儿童来说，公共活动空间的缺失更是影响巨大。为什么有那么多孩子动不动就感冒？为什么有那么多孩子戴眼镜？我们的足球为什么老是冲不出亚洲？从根本上看，还是身边的公共生态活动空间少。都说现在孩子爱玩手机，爱打游戏，但孩子们不看电视、不玩手机、不打游戏，他们能到哪儿去呢？

作为现代城市的管理者，我们应当认识到：如果说以前有钱人家为了修身养性兴建园林、供之享受，园林更多是一种奢侈品的话，那么在现代城市，作为公共活动空间的公园则是为满足所有市民需要的必需品。**公园是宜居城市的关键。真正宜居的城市一定有充足的公共活动空间，一定是公园城市。**

◎要体育场还是要体育场地
◎城市化与城市病
◎欧美公园运动的启示
◎国内城市公园建设的理论研究与成功案例

一　城市化的反思

一座城市可以没有体育场，但是不能没有体育场地。就像一座城市可以没有大剧院，但是不能没有文化娱乐活动的场所。从本质上说，体育场地才是一座城市不可或缺的公共活动空间。

要体育场还是要体育场地

城市是社会生活的中心，而不仅仅是建筑物的聚合，城市不能缺少公共活动空间，这就像下围棋需要有“气眼”一样。对于这个问题的认识，我们经历了一个逐步深化、逐步明晰的过程。

2012 年底，扬州市的“老体育场”动议拆迁，引发了一场声势不小的信访风波。

扬州人俗称的“老体育场”，就是原来的扬州市体育中心体育场，

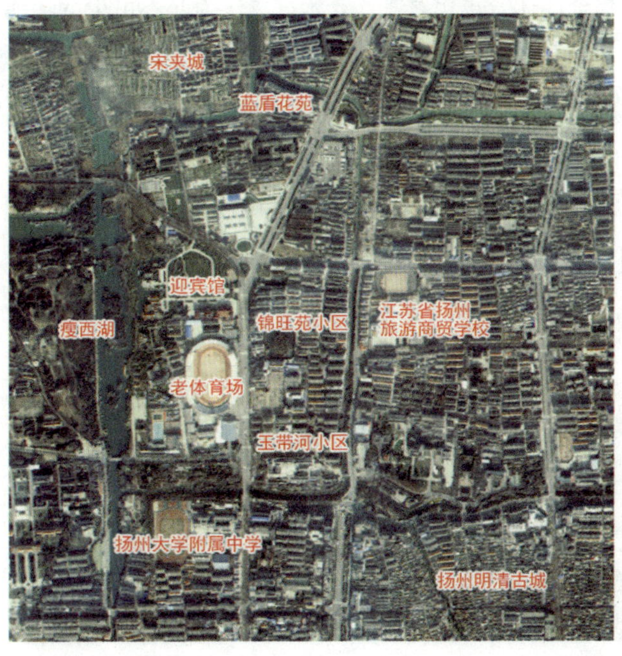

扬州老体育场区位图

2008 年扬州市第十一届运动会在扬州市老体育场举行

位于美丽的瘦西湖畔，东南毗邻扬州古城。老体育场 1978 年投入使用，1997 年改造增建了万人看台，是当时江苏长江以北地级市中规模较大的综合性体育场馆之一。老体育场作为必不可少的功能设施，先后多次举办、承办了国内和国际大型体育赛事。上世纪 90 年代，这里曾经是中国国家乒乓球队、举重队的训练营地，被誉为中国乒乓球复兴的福地，为扬州的城市发展作出了重要贡献。

但是，30 多年过去了，扬州的城市格局发生了重大变化。随着主城区的不断扩大，瘦西湖一带已经成为行人密集、车水马龙的市

老体育场周边环境图

中心区域。过去，由于老体育场处于城市边缘，举办一些大型体育活动，交通不成问题。而现在如果再举办大型体育活动，势必会造成严重的交通堵塞。加之在扬州西区新城已经开始新建一个现代化的可容纳三万人的新体育场，老体育场实际上已经完成其历史使命。事实上，2008 年以来的十多年，老体育场的使用率很低，除了体育场一层辅助用房对外出租门店外，体育场内部基本不再举办什么大型体育活动。因此，它的拆迁势在必然。

让我们始料未及的是，老体育场即将拆迁的消息一经传出，民间的批评抗议之声便不绝于耳。这让我们感到很困惑：一座老体育场，明明已经没有多少使用价值，而且已经在建一个比它更大更现代化的新体育场，为什么大家还这么在乎它的存与废呢？

在深入调查分析后，我们有了一个重要的发现：反对老体育场拆迁的，主要是附近的一些居民。这让我们更纳闷。按理说，住在老体育场周边，一旦举办体育活动或文艺演出，势必会影响到他们的出行和休息。拆除老体育场对周边居民应当是有利的，他们应当主动支持才是。再经多次调研，我们发现了问题的症结。体育场是由看台和场地组成的，场地有跑道、有球场。我们讲万人体育场，讲的其实是可以容纳万人的看台。老百姓真正在意的，并不是老体育场的看台，而是体育场里的那条四百米跑道，因为他们每天都要到老体育场的跑道和场地上去跑步健身。说体育场没有用，是说体育场的万人看台已经没用了，但是那四百米的跑道对于他们来说却是不能缺的，如果把老体育场拆了，他们今后到哪里去跑步健身？也就是说，老百姓担心的不是拆掉体育场，而是担心失去身边的体育场地。

这引起了我们的深思，体育场和体育场地到底有什么区别呢？

说到底，**体育场的本质是以运动员和观众为中心的，而体育场地是以前来运动健身的市民为中心的。**体育场是城市的一种功能性设施，就和大剧院一样，大剧院是演员在台上演，观众在下面看；体育场是运动员在场上比，观众在台上看。现在我们坐在家里，通过电视或网络，每天都能欣赏体育比赛和文艺演出，不必非得去体育场和大剧院了。**所以说，一座城市可以没有体育场，但是不能没有体育场地。就像一座城市可以没有大剧院，但是不能没有文化娱乐活动的场所。从本质上说，体育场地和文化娱乐活动的场所，才是一座城市不可或缺的公共活动空间。**

通过这样的思考，我们终于弄清了问题的症结所在。在一次与反对老体育场拆迁的市民座谈时，我们问大家："你们到底是要体育场，还是体育场地？"这句话把所有人都问住了。接着，我们坦言："如果你们是要体育场地，那我们承认，确实存在体育场地供给不足的问题，我们要想办法满足人们的要求。但老体育场的主要功能已经没法发挥作用，如果把老体育场用来服务旅游业发展，会发挥更大的效益。"政府与市民面对面坦率沟通，最终得到了附近市民的普遍认同。

市民的合理诉求，促使我们对城市规划和建设的若干重大问题进行思考。而这种思考，又直接催生了改造、提升宋夹城考古遗址公园的规划思路。

距离扬州老体育场仅一千米，在蜀冈—瘦西湖风景名胜区核心区有一座宋代城池遗址，因地处宋宝祐城和宋大城之间，故名宋夹城。这座城池占地千亩，四面环水，原本是出于军事目的和战略需要而建造的，是一处屯兵的营地。2010 年，经过拆迁整治，这里成为考古遗址公园，不仅有历经沧桑的古城遗址，也是一片景色宜人的生

北门
角楼
室内球馆
配套服务用房
笼式足球
网球场
球场服务中心
笼式足球
健身跑步道
篮球场
自行车道
小木屋
东门
西门
月城
棋艺长廊
儿童活动场地
环形塑胶跑道
污水泵房
南门
北
0 20 50 100 200m

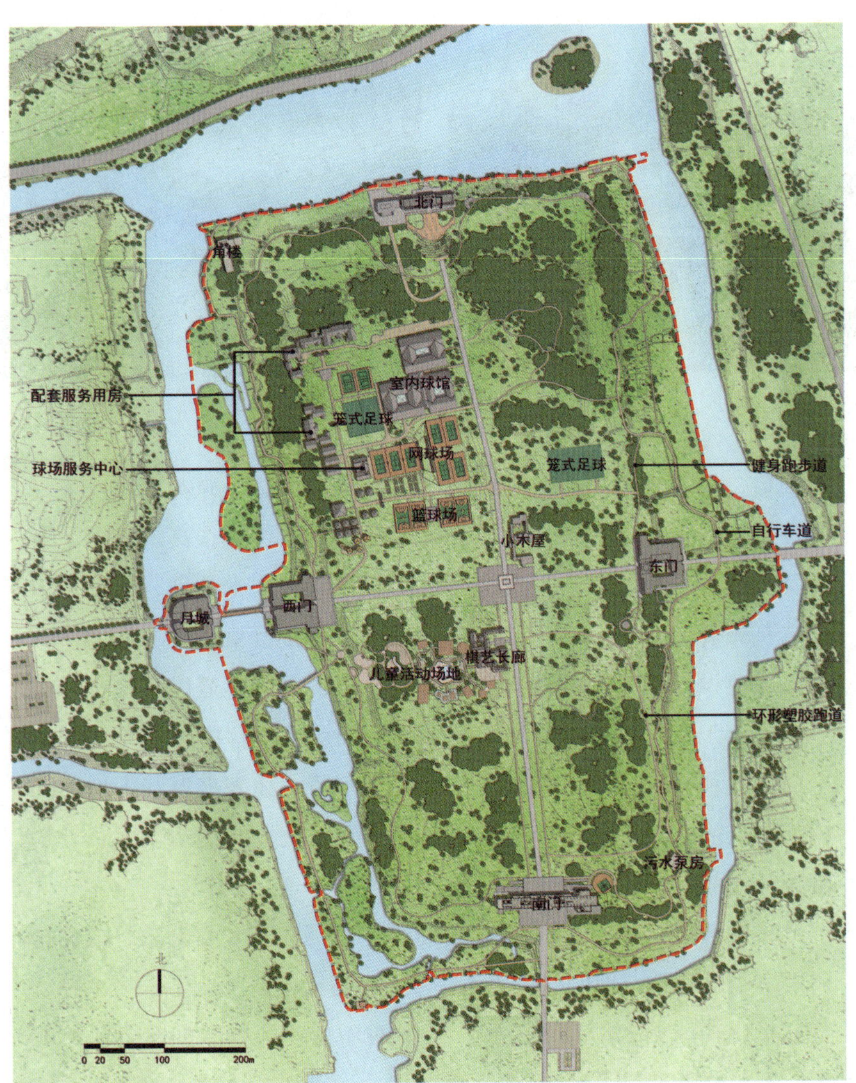

宋夹城规划总平面图

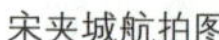
宋夹城航拍图

宋夹城体育休闲公园内配备齐全的运动场馆

态湿地，是扬州市中心区域难得的天然氧吧。这里原本动议恢复一个古村落并附带建一个高品质的度假村，商业价值很高。经历了老体育场拆迁的风波之后，我们经过反复研究、周密论证，作出了一个重要决策：在严格保存遗址、保护生态的前提下，在森林湿地中，嵌入式建设一座具有标准化环岛健身步道、自行车道以及各类球类场馆、运动器具、儿童游乐场和各种配套设施的体育休闲公园。同时，全面拆迁和整治周边区域，新开南门与东门，让宋夹城与古城紧密相连，全面打开宋夹城，取消门票和收费，免费向扬州市民和外地游客开放。

2014 年 4 月 19 日，宋夹城体育休闲公园正式免费开放，成为扬州第一个以森林湿地的绿色生态为底色、运动健身休闲游乐为主题、叠加文化功能的大型城市公园。其中的环岛健身步道总长度有 3200 米，都是林荫道，沿途环境优美。过去，市民们在老体育场的 400 米跑道上跑步转圈，既单调，空气也不好；现在，人们在这优美的环境里跑步健身，空气清新，一步一景，心情愉悦，就锻炼健身来说，真是有天壤之别。建成开放的第一年，宋夹城体育休闲公园就接待市民、游客400多万人次，成为扬州市民和游客运动休闲最钟爱的去处。每天清晨和傍晚，都有成千上万市民前来跑步健身，享受畅快的森林呼吸。扬州老百姓每每自豪地说："扬州的瘦西湖，我们的宋夹城。"这是说，瘦西湖是扬州的标志，主要是供游人去游览的，扬州老百姓不一定经常去，而宋夹城是供老百姓锻炼的，天天要用，已经成为周边居民日常生活的组成部分。瘦西湖关起门来大修几天，只会对旅游产生一定影响，但宋夹城不一样，老百姓天天要去，一天也关不得。宋夹城也成为外地游客的一个游览地，被评为4A级景点，有的游客已经把到宋夹城跑一圈列入自己旅游行程的计划项目。

老体育场的拆迁和宋夹城体育休闲公园的修建，拉开了扬州建设公园体系的序幕。在此过程中，我们也开始了对城市化的全面反思。

宋夹城体育休闲公园

城市化与城市病

改革开放以来，经过40年的高速发展，中国的城市化率大幅提高。1978年，我国的城市化率仅为17.92%，到2016年，我国的城市化率已经上升到57.35%。我们只用了几十年的时间，就走过了西方国家一两百年的城市化历程。

美国经济学家斯蒂格利茨曾经说过：“21世纪对世界影响最大的两件事，一是美国的高科技产业，二是中国的城市化。”为什么他会作出这样的判断？为什么要把中国的城市化提到这样的高度？因为中国城市化涉及的区域广泛、人口众多，而且发展势头十分迅猛，这就势必带来人口结构、消费习惯、社会治理方式等各个方面一系列深刻的变化，也会对中国乃至世界的经济社会发展格局产生深远的影响。

对于城市化的高速发展，我们都有切身体会。从空中看，我们的城市就像是摊大饼，越摊越大；从地面上看，我们的城市又像是搭积木，越建越高。以扬州为例，改革开放之初的1978年，扬州市区建成区面积为17.5平方公里，城市人口只有18.5万人；到2016年，扬州城区的面积为149平方公里，人口达到116.6万人。仅从城区面积来说，现在的扬州相当于1978年的8倍多。

亚里士多德说：“人们来到城市，是为了生活；人们居住在城市，是为了生活得更好。”城市是人类集居发展到一定阶段的产物。城市与农村的本质区别，是生产要素的高度集聚，空间分布上的高密度建设。城市发展到一定规模之后，生产分工不断细化，生产效率显著提高，从而带来更多的就业机会，也提供了更好的生活设施和更多的公共服务，使人们的美好生活成为可能。

然而，城市化在为人类带来文明进步的同时，也不可避免地会出现种种弊端，这一点，古今中外概莫能外。**就中国的城市化而言，最突出的问题在于，这些年我们的城市化发展突飞猛进，市民的住房条件在不断改善，但是由于中国城市发展太快、经验也不足，除了大家看得见的交通、基础设施不完善，环境污染比较严重以外，大家看不见但能感受得到的一个重大问题是，城市的公共活动空间普遍缺失。这一问题在一些大城市尤为突出。而城市公共活动空间的严重缺失，正是各种"城市病"产生的重要根源。**

新中国成立以来，我们对城市化的认识，首先从自己的住房开始，我们对年轻人耳熟能详的一些问话至今记忆犹新。一开始，大家喜欢问："小俩口在哪个单位工作？哪个单位的房子好？哪个人单位分的房？"后来是问："结婚了，买新房了，买的哪个小区的房？"再后来是问："孩子要上学，新区（或东区、西区）学校好、配套好，有没有去那儿买房呀？"从"单位分房"到"小区买房"再到"片区买房"，形象地反映了我国城市化的进程。

回顾建国以来 60 多年的城市发展历程，从其建设重点以及驱动机制来看，大致可以分为四个阶段：

1. 以生产建设为中心的阶段

从新中国成立到改革开放初期，这个时期城市的典型特点是以生产为中心，背后的驱动机制来自于国家的工业化赶超战略。突出表现为：（1）先生产，后生活，多快好省，尽可能压缩居住生活设施，将有限资金投入到生产设施建设；（2）单位大院式规划，职工是企业的一份子，生活设施也视为工厂的附属设施，表现为各大企业厂房、宿舍及各类生活设施一体化。以扬州为例，1958 年到 1960 年城市用地扩大 3 平方公里，到 1966 年，再扩大 1 平方公里，但几乎全部为新增工业用地，新建建筑面积约 50 万平方米，但其中住宅面积只有 8 万平方米，人均住宅面积由解放初 7.6 平方米降至 4.4 平方米。1967 年至 1976 年城市建设基本处于停滞状态，城市规模在 10 年间只扩大了 1 平方公里多，人均住宅面积降至 3.6 平方米。

2. 以基本生活设施建设为中心的阶段

改革开放以后，随着经济社会的发展，压抑多年的居民生活需求开始释放，加上知青返城、近郊农民进城，城市住房、相关商业配套等基本生活设施的严重短缺状态开始显现，城市建设重心发生重大变化。具体表现在大规模住宅区的新建以及各类集贸市场的蓬勃兴起。以扬州为例，1978 年之后，伴随国家改革开放政策及住房分配制度改革，住宅成为城市建设的重点，到 1990 年，城市用地规模扩大到 25 平方公里左右，城市人口规模接近 30 万人，新增住宅建筑面积达到 250 多万平方米，接近新增建筑总量的一半，在老城区周边建设了近 30 个住宅小区，10 万人左右（大约占当时城市人口的三分之一）搬入新居，人均住宅面积由 1977 年的 3.6 平方米回升至 6.5 平方米。与此同时，城市东南片区因为地处近郊、靠近运河、对外交通方便，成为各类集贸市场集中的区域。可以说，这个阶段城市建设的驱动力来自于市民的基本生活需求。

3. 以房地产开发为中心的阶段

随着分税制的推行和土地有偿使用政策的出台，土地出让以及与之相关的基本建设税收成为地方政府重要收入来源，资本的力量在城市建设中发挥着越来越重要的作用。大量房地产项目（包括住宅、商业、办公）如雨后春笋开始兴起，极大地满足了市民对多样化住房的需求。以扬州为例，最近 10 多年，资本的大量涌入为城市再开发带来了前所未有的动力，新城西区基本建成，北部片区（包括蜀冈、城北）、东部片区（曲江、文峰）基本建设完成，改变了原先脏乱差的局面。中心城区范围内，除了东南片区之外，绝大部分地区已经得到全面改造。

4. 现在和未来——以满足人民美好生活需要为中心的城市建设阶段

大量资本涌入房地产领域，一方面为城市建设带来了动力，另一方面也不可避免地导致过度的“空间生产”现象，城市土地开发量持续增长，一定程度上超过了人口增长的速度。现在我国城市化率已接近 60%，随着大规模快速城市化过程的结束，特别是在衣食住行等基本需求满足以后，人们对美好生活有了更多向往，不仅要吃得好、住得好，而且要健康、快乐，由此推动我国城市发展进入一个全新的阶段。突出表现在，城市化已经从高速成长阶段向高质量发展阶段转变，从重视工业园区扩张、住房和商业设施开发向重视城市整体生活环境，包括公园、体育设施、文化设施等城市公共活动空间建设的转变，实行城市“双修”，即对城市生态进行修复，对城市基础设施和公共服务，特别是以城市公园为重点的公共活动空间的不足进行修补。

现在我们绝大部分城市正处于从第三阶段向第四阶段转变的时期。前三个阶段共同的特点，是对公共活动空间规划、建设的缺失。这既有经济发展水平的原因，又有不同时期发展方式的原因。单位建房和房地产开发商建房，主要是考虑单位员工和小区居民的需要，不会去考虑更大范围的公共活动空间建设问题。而在西方发达国家，工业化、城市化比我们早，市民社会是与工业化、城市化同步产生的，为了解决社会问题，避免城市化带来的“城市病”，较早意识到必须面向所有城市居民提供城市服务，公共空间规划进行得比较早。

所谓“城市病”，表现在很多方面，但是反映在人的身上，首先就是“富贵病”。根据国家卫计委发布的《中国居民营养与慢性病状况报告（2015 年）》，全国 18 岁及以上成人超重率为 30.1%，肥胖率为 11.9%，比 2002 年上升了 7.3 和 4.8 个百分点。高血压、糖尿病在全国 18 岁及以上成年人中的患病率分别为 25.2% 和 9.7%。当然，这还是全国性的普查数据，如果单就城市而言，情况要严重得多。我们往往讨论这个城市病、那个城市病，最终反映到居住在城市的人身上：第一大城市病，就是城里人的富贵病。

伴随着过去 40 年中国城市化的快速发展，农村人口大量涌入城市，城市规模不断扩张，人们的生产方式、生活方式也随之发生了改变。随着技术进步、装备水平的提高，工业生产机械化、自动化程度明显增强，坐办公室的人多了，除了建筑等行业的工人还有一些重活外，其他工种的体力消耗都不是太大。城里人生活空间狭小，上班族每天的生活轨迹就是家里和单位“两点一线”，上下班有代步工具，上下楼、逛商场都有电梯、自动扶梯。现在人们的生活水平提高了，营养比以前好，而劳动量、活动量却大大减少，身体的消耗也很少。由于我们的城市普遍缺少公共活动空间，人们即使想锻炼身体，也难以找到理想的去处；闲来无事，无非是看看电视、上上网、刷刷屏，当然更谈不上养成锻炼身体的习惯，"久坐不站""汽车依赖""室内娱乐""高热饮食"，[1]久而久之，身体必然会出现"三高"，"富贵病"就这样产生了。

身体健康有三个要素：充足的睡眠，均衡的饮食，适当的运动。其中适当的运动是一个最基本的要素。有了必要的运动量，胃口和睡眠才会好，精神状态也才会好，心理才会更健康。这个问题在农耕时代不突出，因为那时的人们每天劳动量都比较大。工业化初期，上班体力消耗大，上下班骑自行车、步行也要出很多汗，加之每家都只有一两个人工作，孩子又多，生活不宽裕，吃得也不好，营养普遍不足。而生活在现代都市的人们，劳动时间和劳动强度都大大降低，生活水平大幅提高，亲朋好友交往也多，吃得多、吃得好，人体的摄入量与消耗量难以平衡。能量的消耗，除了身体自然消耗外，一靠劳动，二靠运动。若劳动量减少，为了维持自身能量代谢的平衡，就必须通过增加运动量来弥补劳动量的不足，就要参加体育运动。体育运动应当成为城里人的生活常态。相应的，这就要求城市向市民提供可以休憩和健身的公共活动空间。

城市病的另一种表现是，城市的迅速扩张，挤占了原有的自然空间，割裂了人与自然的亲密联系。中科院昆明动物所研究发现，从 2000 年到 2010 年，我国林地丧失面积约为 48 万平方公里，年均

1　李煜：《城市易致病空间理论》，中国建筑工业出版社 2016 年版。

清明上河图（局部）

丧失率 2.84%；其中森林丧失 12.7 万平方公里，年均丧失率 1.05%。与此同时，城市道路的硬化、河道的渠化，直接导致了大雨漫城、污水横流。在许多城市中，暴雨之后必有内涝。加之城市建筑的高度、密度急剧增长，城市风道被堵，空气流动不畅，热岛效应加剧，城市的雾霾天气、“高烤”时间也在被拉长。

衡量一个城市生态环境状况的一个重要指标，就是绿化覆盖率。过去城市小，空地比较多，生态问题不突出。《清明上河图》描绘的汴京城，在北宋时代已经是一个很大的城市，但是这幅图的边缘部分，就是一望无际、绿树成荫的郊野农村。而如今随着城市规模的不断扩大，现代城市已不复见这样的田园景象。

虽然根据全国绿化委员会办公室每年发布的《中国国土绿化状况公报》，2012 年至 2016 年的五年间，全国城市建成区绿化覆盖率从 39.2% 提高到 40.3%，绿地率从 35.3% 提高到 36.4%，年均增长率为 0.22%，但着眼于人民对美好生活的追求，仅有绿化覆盖率是远远不够的。封闭的园林、远郊的绿地，包括成片的树林，人们不可达、不可进入，更不可能在其中休闲锻炼、亲近自然、放松身心。这就需要我们处理好城市绿地景观“看得见”与“进得去”的关系，使城市绿地景观不仅好看，而且好用，更好地发挥城市绿化的效益。

除了“富贵病”和人与自然的疏离外，人际关系的疏远、隔膜，也是城市病的一种表现。在城市化之前，中国处于农耕社会时代，人与人之间的关系比较稳定，属于“熟人社会”。新中国成立以后城市发展第一阶段建设的单位大院，更是把工作关系与社会关系一体化，属于超强的“熟人社会”。那时候邻里之间随便串门，谁家有了什么事，街坊邻居也会互相帮衬，所以有“远亲不如近邻”“邻居好，赛金宝”的说法。一个大院里长大的孩子，甚至像家里人一样称兄道弟，成天混在一起，光着腚一起长大，这种发小情谊至今还是许多中年人美好的记忆。城市化带来了生产力的高度发展，也带来了社会关系的深刻变化。人口大量流入城市，单位人变成社会人，加之人们的住房日益成套化、封闭化，原先的熟人社会被肢解，邻里之间虽然每天低头不见抬头见，但是却没有什么交往，变成了“熟悉的陌生人”。

欧美公园运动的启示

中国城市化过程中出现的种种问题，在欧美国家的城市中也曾出现过。进入 19 世纪以后，欧洲产业革命带来空前的城市人口增长，城市化的快速发展与原有城市结构的矛盾日益显现，造成的人口密集、居住拥挤、环境恶化、疾病流行等问题，在欧美国家的许多城市都不同程度地存在。克雷斯韦尔是 19 世纪英国的一位建筑学家，他描绘了一幅马车时代的伦敦街景：大街上，马车川流不息，拥堵不堪，远远就能闻到刺鼻的马粪臭味，街灯上布满了苍蝇，雨后的马路一片泥泞，各种嘈杂的噪音在市中心震响。克雷斯韦尔由此得出的结论是，像伦敦这样的城市，是不适合人居住的。[1]

巴黎的情景也和伦敦差不多。19 世纪中叶，一位法国作家这样描绘他所见到的巴黎："巴黎的大多数街道都是脏兮兮的，满地都是有毒的污水……鼻子呼吸着有毒的空气，眼睛时而与堆满令人恶心垃圾的街角接触。"[2]在那个年代，城里的工人下班后，唯一可以放松消遣的去处，是街区中低矮嘈杂的酒吧，然而去酒吧喝酒，不仅浪费钱财，对健康也没有什么好处。

19 世纪中叶以来，随着工业革命的深化、市民社会的崛起，城市环境的改造也被提上了议事日程，城市管理者决定"在人口聚集区附近建立固定的散步场所和健身广场，促进居民健康，提高生活舒适度"，城市公园应运而生。最早为休闲健身而建造的公园出现在 19 世纪 40

1 ［美］简·雅各布斯：《美国大城市的死与生》，译林出版社 2006 年版。
2 转引自［美］加文（Garvin，A.）《公园：宜居社区的关键》，张宗祥译，电子工业出版社 2013 年版，第 18 页。

英国伯肯海德公园

英国摄政公园

年代的英国。这一时期，英国先后建成了向公众开放的德比植物园、维多利亚公园和伯肯海德公园。这是欧美国家大规模的公园绿地建设运动的先导。现在欧洲大陆、美洲大陆的许多城市都建有“英国公园”，就是指学习早期英国开放式公园的做法而建的公园。1852 年到 1870 年任巴黎市长的奥斯曼，倡导实施了包括街道路网等基础设施建设在内的城市改造计划，特别是兴建了一批大型公园，使之成为巴黎的“城

慕尼黑英国公园

市之肺”。在这些大型公园里，阳光充足、空气新鲜、空间开敞。在密集的城市里保留下一片片绿地，成为全世界城市规划者的共同目标。此后，欧洲各国加快了城市公共空间建设的步伐，除了拓宽街道、改造城市中心、建设大型公共建筑外，还掀起了公园建设的热潮。这一时期，公共空间尤其是绿地公园的建设，不仅使城市面貌焕然一新，而且对于丰富人们的业余生活起到了重要作用，大大缓解了工业革命对人们的心理造成的紧张与压抑。

19 世纪中叶，美国的许多城市也和伦敦、巴黎一样，交通拥堵、卫生环境恶劣。纽约的一些街区肮脏破败，甚至被人形容为“死亡之谷”。1858 年，美国纽约中央公园诞生。中央公园坐落在高楼林立的曼哈顿中心，是纽约这座繁华都市中的静谧休闲之地，也是欧美国家第一座在城市中心区域建造的特大型公园。

19 世纪下半叶，以纽约中央公园的建成为起点，欧洲、北美掀

起了城市公园建设的第一个高潮——城市公园运动，出现了以霍华德为代表的“田园派”，以奥姆斯特德为代表的“景观派”，以丹尼尔·伯纳姆为代表的“综合派”。虽然他们的理念各有差异，但是致力于公园运动的内容基本一致，即建立公园与林荫道系统，以恢复城市中心的良好环境和吸引力。

1933 年 8 月，《雅典宪章》问世。这是国际建筑协会雅典会议制定的一份关于城市规划的纲领性文件。该文件提出城市规划的目的在于统筹保障居住、工作、游憩与交通四大功能活动的正常进行，并倡导对作为城市“游憩”功能重要载体的绿色公共空间的营造。

1972 年，联合国在斯德哥尔摩召开人类环境会议。此后，欧美等西方发达国家掀起了“绿色城市运动”，将生态学、社会学与城市规划、风景园林相结合，再掀城市公园体系建设的新高潮。时至今日，公园已成为衡量一个城市生态、环境与宜居品质的重要标志。

国内城市公园建设的理论研究与成功案例

当今世界，可以自由进出的公共开放空间的质量和数量，已经成为衡量一座城市生活质量的主要指标。这方面，国内理论界有不少研究。1999 年 6 月 23 日，国际建筑协会第 20 届世界建筑师大会一致通过了由吴良镛教授起草的《北京宪章》。宪章提出的广义建筑学和人居环境学认为，“对城镇住区来说，宜将规划建设、城市和地区的整治、更新与重建等，纳入一个动态的、生生不息的循环体系之中”，必须“正视生态困境，增强生态意识”，实现建筑学、风景园林学、城市规划学三位一体，打造更为宜居的人居环境。李煜在《城市易致病空间理论》一书中紧扣“什么样的城市空间容易导致疾病”这一主线，对现代主义建筑的失败和城市化导致的种种流行疾病进行了建筑学、规划学角度的反思，详细分析了城市空间的不良规划设计导致人群患病的作用规律。这些研究，都已将公共空间的营造提升到一个重要的地位。

与此同时，国内也涌现出许多重大而有影响的建设案例。在中国城市化的进程中，杭州西湖的免费开放有着十分重要的示范意义。

西湖自古就是一座供官宦和百姓游乐的景区。南宋吴自牧在《梦粱录》中写道：“临安风俗，四时奢侈，赏玩殆无虚日。西有湖光可爱，东有江潮堪观，皆绝景也”，“湖中大小船只，不下数百舫”。2002 年底，西湖拆除了环湖围墙，24 小时免费开放环湖公园，随后柳浪闻莺、涌金公园、学士公园、长桥公园、花港观鱼、

体现开放性的杭州西湖

曲院风荷等相继免费开放。即使杭州西湖2011年申遗成功，仍然宣布景区免费开放，成为中国第一个不收门票的5A级景区。相关数据显示，2002年国庆长假期间，西湖景区游客接待量为200多万人次；2016年国庆长假期间，西湖景区接待游客量达到437万人次，杭州全市接待游客1578万人次；2017年国庆长假期间，杭州全市接待游客量再次刷新为1700多万人次。2017年，杭州全市累计接待游客16286.63万人次，实现旅游总收入3041.34亿元，分别比上年增长15.84%和18.26%。

杭州西湖免费开放的价值不仅体现在旅游收入上，更体现在城市价值、城市品质上。在拆除西湖围墙的同时，杭州还对周边建筑实行严格控制，拆除了部分影响景观的高层建筑，搬迁了部分民居，保证了地价以湖区为中心，向外按距离均匀递减，最大限度彰显了西湖周边的土地价值，实现了城市建设管理品质的整体提升。西湖的开放，也打造了杭州市民夜跑的经典路线，苏堤、白堤、湖滨、南山路，既可分段，也可环湖，西湖沿线成为夜跑族的首选之地。

西湖拆除围墙、打开景区，景区公共设施免费供市民和游客使用，这无疑是一场划时代的变革。没有围墙、不收门票的完整西湖，将自己的每一寸绿地和每一处景观，奉献给了广大游客，在经济效益、社会效益、环境效益等方面均实现了“不设门票的和谐发展”。

继西湖之后，其他一些城市也陆续将景区公园免费开放。2010

杭州西湖区域的城市图片

西湖周边商业开发

西湖周边街道

杭州西湖市民夜跑

南京玄武湖

年 10 月 1 日，南京玄武湖在经过有史以来最大的一次环境综合整治工程之后，向公众全面免费开放，这是南京打造城市生态环境、提升人民生活品质的民生工程，更是还湖于民、让更多人共享城市改革开放成果的民心工程。

2015 年 2 月，上海正式实施黄浦江两岸地区公共空间建设三年

上海黄浦江滨江公共空间

行动计划，致力形成完整的 45 公里滨江公共空间体系，创造舒适宜人、彰显文化、注重生态的高品质空间环境。2018 年 3 月，新一轮滨江公共空间建设三年行动计划启动，将按照“迈向世界级滨水公共开放空间”的愿景，打造可漫步、可阅读、有温度的魅力水岸空间，成为“全球城市生活核心的美好舞台”。

无论是杭州西湖、南京玄武湖等城市中央公园的免费开放，还是上海黄浦江两岸公共开放空间的高水平营建，这些先期的探索和成功的案例，无一不启示着中国城市化高质量发展的方向。

◎什么是城市公园

◎城市公园的特点和功能

◎营造中国特色的现代城市公园

◎从 CBD 到 CAD 再到 CEAD

二 城市公园

城市公园所追求的应该是公益性和福利性的最大化，公园的存在应该以提高广大城市居民生活质量为最终目的，应该让所有市民都可以免费享受。

提起公园，许多人自然而然地会想到北京的北海公园、上海的西郊公园、杭州的西溪湿地公园、广州的云台公园。但什么是严格意义上的公园？从普通市民日常使用的角度，从城市公用设施的功能出发，从国内外成功的公园案例看，城市公园应当是指具备良好的绿化环境和较完善的设施，向公众免费开放的，以休憩、健身、游览、娱乐为主要功能的公共场所。免费、全天候、向所有人开放，是城市公园与其他公共活动场所的本质区别。

什么是城市公园

公园、园林、景区、景观、广场，它们是不同的概念，有不同的界定。

园林（garden）包括皇家园林、私家园林和寺庙园林。皇家和私家园林有“主”，无论主人是皇家还是私家，它都有主人，是私有的，不是公共设施。它是园主人生活休闲、养生会友的一个综合体，是园艺化的居处。其营造的目的，既满足园主人的生活需要，又体现园主人的人生价值追求。私家园林本质上是“园林式”的私家住处。明代造园大师计成在扬州撰写的我国最早的系统造园著作《园冶》，包括兴造论、园说两部分，其中园说包括相地、立基、屋宇、装折等10篇，其实是一本完整的私人园林式居处的设计导则。其园林大多是住宅的后花园。《园冶》中言：“宅傍与后有隙地可葺园，不第便于乐闲，斯谓护宅之佳境也。”即住宅旁边或后面有空地，都可以用来建造园林，不但便于行乐消闲，而且也是保护住宅的最佳环境。新中国成立以后，一些原来的皇家园林或私家园林限时向公众开放，收费进入，如北京的颐和园、苏州的拙政园、扬州的个园、何园等等，但是这些园林建园的初衷，是为园主人个人服务的，其布局和建设手法自然与公共设施有本质的不同。

链接：瘦西湖的由来

瘦西湖历史上是从蜀冈流向运河的自然河道，唐宋时期是扬州大城的西护城河，清初称保障湖。因清代康乾二帝历次南巡都驻跸扬州，且每次都要从天宁寺行宫前往平山堂拜谒，盐商大贾们为了接驾，竞相在沿河两岸修园、建楼、植景，前前后后沿湖比较有名的私家园林景观有西园曲水、净香园、徐园、静观、绿荫馆、凫庄、熙春台、水竹居、石壁流淙等，形成了“两岸花柳全依水，一路楼台直到山”的逶迤风光带。清乾隆三年（1738）秋，诗人汪沆游览扬州，写下了有名的红桥修禊词：“垂杨不断接残芜，雁齿虹桥俨画图。也是销金一锅了，故应唤作瘦西湖。”从此瘦西湖的名声逐步流传开来。瘦西湖不是严格意义上的湖，其实就是一个河道，最宽处也仅 100 多米。称其为“瘦西湖”，一是因为风光与当时繁盛的杭州西湖一样美，只不过形态上狭长，更瘦更秀；另一个就是它跟当时繁华的西湖一样，岸边建了许多官商大贾的豪宅，都是销金窟子。新中国成立后，人民政府将沿湖的私家园林收归国有，整合连通修复成现在的瘦西湖景区。瘦西湖原先也被称为公园，但其本质上是私家园林的集合体。瘦西湖建设的高峰期在康乾年间，这些不同年代、不同主人、出于不同目的营建的私家园林，各有特色，所有园林都沿湖布开，且都互相尊重、互相借倚，相得益彰，宛若一人所规划、一家所营造。特别是五亭桥区域，几个主要建筑，莲性寺建于康熙四十四年（1705），

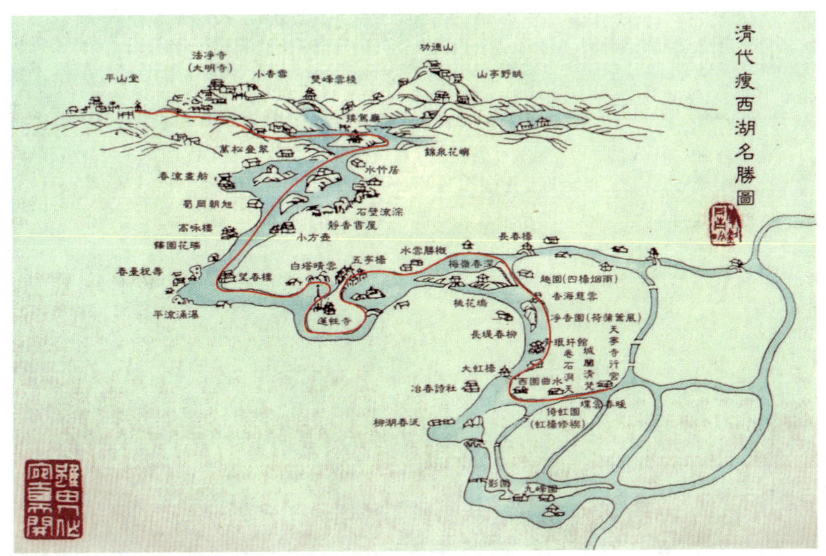

清代瘦西湖名胜图

五亭桥建于乾隆二十二年（1757），白塔是盐商江春集资建于乾隆四十九年（1784），凫庄是扬州乡绅陈臣朔建于1921年的别墅，前后相距200多年，但几座建筑布局紧凑，各自的高度、宽度、尺度都很适宜，相互辉映，浑然一体，是中国古典园林的标志性杰作，堪称建设规划经典中的经典。新中国成立后，特别是改革开放后，在全国城市大发展、高楼大厦拔地而起的时候，扬州历届市委市政府严控瘦西湖周边的建筑高度，现在瘦西湖里基本看不到周边有突兀的高层建筑，也成就了历史文化遗产保护的一个佳话。可以说，瘦西湖既是“一张蓝图绘到底”的典范，也是“一张蓝图护到底”的楷模。瘦西湖不仅是中国湖上园林的经典之作，而且也是中国乃至世界规划史上的一个奇迹。2014年，瘦西湖被列入世界文化遗产名录。不到瘦西湖，不算到扬州。

三湾公园全景图

景区（scenic area）这里主要是指自然风景区，通常是以自然景观叠加旅游设施。景区本来是开放的，后来人为地把它封闭起来，一般也是收费进入，如张家界、九寨沟和无锡的鼋头渚等等。

景观（view spot）是城市内部供人们休憩观赏的场所，一般是借用古典园林和西方园林的手法，修建一些亭台楼阁、回廊喷泉，种上一些花花草草，目的是为了美化城市，追求的是好看。许多城市在市区的中心位置或重要节点建了许多城市景观，居住小区的景观也比较普遍。

广场（square）是指城市中硬铺装的广阔场地，虽然不叫公园，不过具备了公共活动空间的性质，适合节日庆典、公共聚会、娱乐活动等，比如各个城市普遍存在的政府大楼前的人民广场。

城市公园（city park）是全天候满足所有人需要、免费开放的生态体育休闲公共空间。

曾经有一段时间，出现过“是中国园林好还是西方景观公园好”的争论。其实这是两个不同的概念，也是不同的研究范畴，没有可比性。园林是为私人服务的，公园是为公众服务的。园林，有居有园，居为根本；而公园，以园为主，辅之以配套公共服务设施，无居住功能；园林是将自然界美好的东西微缩到小天地里，讲究小中见大，曲径通幽；公园则是把传统的园林艺术放大到大自然里，为市民享用，需要开放顺畅；园林让人“静”下来，公园让人“动”起来。两者服务对象不同，追求的目的不同，建设主体不同，技术手法、表现形式自然不同。

城市公园的特点和功能

1. 公园姓“公”

城市公园是近代社会的产物，它脱胎于古代的皇家园林。早期西方国家的皇家园林，虽然也会在某个时段向公众开放，但依然是皇室的私有领地，公众是不能随便进入的。中国的情况也一样。远的不说，就像清代的圆明园、颐和园，都是戒备森严的皇家禁地，只有天潢贵胄、王公贵族才能在此优游休憩。唐宋时期，出现了很多的私家园林，明清时期，私家园林达于鼎盛。扬州过去就是一座著名的园林城市，有“杭州以湖山胜，苏州以市肆胜，扬州以园亭胜”之说，也有“扬州园林甲天下”之美称。古代的私家园林是达官贵人、富商大贾的私人园囿，是园主和家人交游、休闲的场所，普通人自然是不能随便进入的，过去的扬州“园林多是宅”，也就是私宅。新中国成立后，我国各地的城市都建了一些人民公园，不过，过去这些公园不仅收费，而且限时进出，所以这些公园还不能算是现代意义上的城市公园。

城市公园作为一种公共活动空间，任何人都可以随时进入，享受公园给生活带来的便利，这是中国造园史发展数千年来最大的转变。**城市公园所追求的应该是公益性和福利性的最大化，公园的存在应该以提高广大城市居民生活质量为最终目的，应该让所有市民都可以免费享受。**城市公园的免费开放，是在发挥其自身特性和功

个园

何园片石山房

何园水心亭

小盘谷

吴道台宅第

能的基础上，适应现代社会生活和城市发展需要的新举措。

城市公园追求的是满足所有人的需要，这是它与古典园林最本质的区别。之所以有这样的区别，根源就在于两者的服务对象不同。古典园林是为少数人服务的，因此它更多的是体现园主人的审美意识；现代城市公园则以广大城市居民为服务对象。

正是这种服务对象的差异性，导致了二者设计理念的不同。古典园林讲究的是写意自然，在结构布局方面富于想象力。园林的景观设计，处处彰显着园主的情趣与欣赏水平。比如苏州、扬州那些有名的园林，面积一般都比较小，结构非常紧凑，讲究的是小中见大、曲径通幽，其中都少不了回廊、假山、水榭、亭台、池沼等等，这些都是中国古典园林的“标配”。

与古典园林不同，城市公园是为所有人服务的，所以不仅强调其开放性，而且也注重其功能复合性。城市公园作为大众休闲、游憩、健身的主要场所，体量一般较大；为了适合各个年龄段的市民休闲的需要，公园内的设施不再是以静态为主的修身养性的景观，而是增加了各种配套设施，以满足市民多样化的需求；在规划和设计上，更注重它的社会功能（休闲、避灾等）。

正因为公园姓“公”，是为了满足人民对美好生活的向往，所以公园应该成为宜居城市的标配。公园是一个城市的基础设施、功能设施和功用设施，和水、电、气、道路一样，所以公园应该把社会效益放在第一位。

2. 公园要动静结合、以动为主

古典园林是私人所有，本质上是私密空间，主要供园主人修身养性，以静为主、以小见大，其亭台楼阁、曲径通幽的造园手法也不适合于体育运动，至多庭院或天井中有块空地供主人打打太极、踱踱方步；园主人大多是有钱的文化人，在家招待宾朋，可在园子中宴饮、对诗、吟唱。而现代公园，首先是为了所有人亲近自然、锻炼身体之用，除了生态，运动功能是其最重要的功能。所以，现代公园建设中，要把完善各类体育设施作为建设的主要任务。修建一些亭台楼阁，供人们休憩，让人有地方停下来、坐下来看看景、发发呆，是公园的魅力所在。但公园的主要功能还是运动。好的社区公园、综合公园一定是体育公园。扬州已建的公园中，使用得最多的功能，一是环形跑道，天天人气旺；二是各类球场，特别是高低篮球架、笼式足球和羽毛球场，一般要提前预定；三是儿童游乐场，“小手牵大手，全家公园走”。

扬州有瘦西湖、何园、个园这些代表中国园林最高水平的私家园林，但扬州人除了陪客人去，即使有游园年卡，一年也去不了几次。再美再好的景致，看几次也就无甚新鲜。但体育休闲公园不一样，[illegible]日走路、打球成为习惯，天天要去，哪怕公园本身景致很一般。隔几天不去，心里就想得慌。

前几年，城市里都建了大大小小的景观，有的是中国园林的放大，有的吸收甚至照搬了西方园林的理念，有的新挖了人工湖，有的借鉴西方手法，做了许多雕塑、造了许多景致，图示效果和拍照效果都很好，也符合城市官员、专家包括偶尔来之的旁观者的审美标准，但是从普通市民日常使用的角度看，缺少运动为主的定位。再好的景观，热乎一阵子，不久就失去了活力和吸引力。这从反面证明，公园要“动起来”。

3. 公园既要好看，更要好用

许多城市公园内部有很多景观设计，这些景观往往借鉴中国传统造园手法，植入亭、桥、廊等元素，但是，**城市公园的第一定位是城市的功能设施，好用、实用是公园设计的第一原则。**这也就意味着与景区、景观不同，美的视觉效果并不是城市公园的首要追求。

比如，古代园林往往都会有拱桥，从景观的角度看，拱桥能营造一种长桥卧波的视觉效果，美虽美矣，但是并不适合人的无障碍

颐和园拱桥

扬州三湾公园凌波桥

通行，这就不宜为城市公园的建造所取。从方便、无障碍的角度看，公园主干道、主跑道应该设置平桥，这样可以方便老年人的安全行走，婴儿车、轮椅等可以顺利地通行；即使是雨雪天气，在公园里跑步的健身者也不会受到影响。当然，城市公园不采取拱桥的形制，但也可以吸取古典桥梁的审美意趣，把平桥设计得既好看又好用，如扬州三湾公园的剪影桥和凌波桥。城市公园要有足够多的跑步健身空间，满足人们散步、跑步等基本运动与锻炼的需求。因此，公园里的跑道必须是连续的、平坡或缓坡的、无障碍的。

城市公园要有完善的服务设施。服务设施是城市公园的重要组成部分，国外公园一般都设有休息椅、垃圾桶、饮水器、指示牌、公厕、路障、流动小卖部等服务设施，在游人较少的地段还设有报警器等设备。扬州规定了公园建设的“十要素”，包括树木、步道、儿童游乐设施、体育场地、健身器材、灯和凳、雕塑和宣传牌等文化设施、厕所和小卖部、避雨回廊、停车场，尽可能地满足市民对绿色活动空间不同类型的需求。树木、步道自不必说，座椅也十分重要。园子大了，老人一次性走不完，累了可以坐下来歇歇。求休闲的更是要有个地方坐下来发发呆。美国公园协会建议，公园里休息座椅和条凳的总长度应当大于公园的周长。公园服务设施中，最基本的也是最容易被忽视的配置是公共厕所。我们不时发现在漂亮的公园里有人随地大小便，往往批评这些人的文明素质要提高。其实，我们更应反思的是厕所建设有没有到位。人们到公园来，可以不喝水不吃饭，但不可能保证不大小便。要方便时无方便处，逼着他在能方便的地方就地方便，因为这不是内需，是内急。

儿童设施是带动公园人气、提高使用率的重要因素，一是因为孩子天生喜欢自然，二是孩子喜欢在一起玩，三是大人去公园，孩

孩子在公园里荡秋千

子不一定去，但孩子去公园，大人一定去。现在城里许多家庭是老人帮着带第三代，公园儿童设施旁算得上是老人带孩子最轻松的地方。孩子们在一起玩，既安全，又健康，还能让孩子们交往。老人们在旁边，自己可以晒太阳、看风光，老人们之间也可以互相交流。所以，无论是早晨还是傍晚，儿童设施区域都是公园最热闹、最有人气的地方。

树木　公园树种选择应同运动场地的尺度相协调，注意人们夏季遮阴、冬季日晒的需求。树种选择应以乔木为主，乔木的优点是正、直，可以长大、长高，能够记载城市历史。在一般中小型城

市公园，不建议栽植灌木，因为灌木清理、管理的难度大，加之通透性差，好人进不去，坏人容易藏，易形成安全隐患。

步道 步道具有康体健身和交通导览功能。对城市公园而言，特别是大中型公园，步道应该是标配，而且最好是闭合的环形步道。这种步道规定和引导着人群有序流动，不仅可以约束游人的随意性，尽量减少游人对资源的破坏，保护公园的生态环境；也能为游人创造最佳的观赏时空，使游人游览获得步移景异的效果，充分感受公园之美。对一般城市公园而言，塑胶材质的步道可以激发人们的健身欲望，并且具有多样的色彩，是城市公园建设的首选。

儿童游乐设施 大量研究表明，儿童与公园的密切接触，对身心健康有着全面积极的促进作用，包括更好的心理健康、积极的环境价值观念、优秀的认知能力、强烈的学习欲望、更少的生理疾病和更快的康复速度。公园儿童游乐设施的设置应充分考虑自然元素、体验式景观、游戏、活动、休息等功能的结合，让儿童在公园活动中锻炼身体，培养积极向上的生活态度。儿童游乐设施有滑梯、秋千、体能拓展设施等，可以参考公园场地大小、公园类型分类提供。

体育场地　公园中的体育场地根据公园面积相应规划建设，主要是篮球场、羽毛球场、笼式足球场、高低篮球架。在一些条件允许的公园，可以建设室内场馆。

健身器材　蹬力器、漫步机、上肢牵引器、推手器、俯卧撑架等都是占地面积不大且较受群众欢迎的健身器材。

灯和凳 灯能保证公园晚上也可以用。灯的光亮需要设计，太暗了不行，太亮了炫目也不行。每隔一段路设置较亮的高杆灯可以增加公园的安全感，休憩用的长条椅子是游客休闲、交往的必需品。如美国对公园即有一个规定，凳子的总长度要不少于公园周长。

雕塑、宣传牌等文化设施 公园既是人们交流交往、运动休闲的场所，也是城市文化、社会主义核心价值观等宣传的良好载体。在公园中布置相关雕塑、宣传牌等，有助于营造公园的文化氛围。

厕所和小卖部 厕所是公共空间的必需品，而小卖部在为市民提供便利的同时，有助于提升公园盈利能力，其部分收益可以反哺公园运营管理。

避雨回廊 回廊可以帮助人们应对突发天气状况，也具有一定的观赏功能。

停车场 部分大型公园由于品质较高，覆盖人群较广，一些家庭、个人选择以自驾的方式来到公园，因此停车场也是公园必要的附属设施。

4. 城市公园要高度注重安全性

任何建设，安全总是第一位的，即使是营造私家园林，也把安全置于首位。比如堆假山，最早的造园著作《园冶》中指出，“池上理山，园中第一胜地也”，意思是，在水池上掇叠假山，是园林

三湾公园夜间照明图

中的第一胜境。但随后便指出，“内室中掇山，宜坚宜峻，壁立岩悬，令人不可攀。宜坚固者，恐孩戏之预防也”。意思是在内室中掇叠假山，要让人不可攀爬，而且要十分坚固，以防小孩攀爬嬉戏发生危险。私家园林尚且如此，作为公共空间的公园除了考虑一定的游赏功能，还必须从人们休憩健身的需求出发，更加强调公园的安全性。

与限时进出的园林、景区不同，城市公园是“全天候”开放的公共活动空间。园林、景区主要是为人们观光游览服务的，所以它可以采取限时进出，白天开放，晚上封闭，这样在夜间就基本上不存在安全问题。城市公园主要是为休闲健身的市民服务的，所以它必须“全天候”向公众开放，这就存在夜间的安全性问题。

现代城市的生活节奏越来越快，人们的工作压力大，所以都希望寻找到一个理想的公共空间，以舒缓心情、释放压力，尤其是在劳累一天之后。所以晚饭后的这段时间，通常是城市公园使用的高峰期。时下，有越来越多的市民习惯利用夜晚的业余时间，到城市公园跑步锻炼，所以在公园的进出口和健身跑道两边，尤其是在一些拐弯处，应有足够的照明，并安装必要的监控设备，不留死角，以切实保障市民的人身安全。考虑到晚间走路的安全性问题，带状公园不适合夜间使用。

基于安全性的考虑，还必须充分考虑园区的通透性。传统的园林为了追求美观，都会种上很多的灌木以及各种花花草草。城市公园出于安全性的考虑，宜更多选种高大的乔木，少种低矮的灌木，以保持健身场馆周围和步道两边的良好通透性，一方面，使公园通风性好，空气新鲜；另一方面，也使公园一目了然，坏人无处藏身，市民们可以更安心地亲近自然、锻炼身体。

5. 城市公园应满足全家人的需要

城市公园比体育场吸引人，除了环境美以外，还有一个重要原因，就是去公园健身休闲可以一家人一起去，而去体育场馆都是和球友、队友一起去。不同的家庭成员，都可以在公园中找到自己的活动方式，公园就是家园，公园即家。这既是公园的魅力，也是公园的竞争力。

高低不等的四筐篮球架满足了一家老小的投篮需要和扣篮梦想

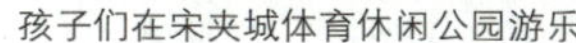
孩子们在宋夹城体育休闲公园游乐

市民在进行传统体育项目展示

从这个角度出发，城市公园不能只考虑满足年轻人的需求，也要满足老年人和儿童的需求。不仅一个人能去，而且一家人都能去，全家都能在城市公园里找到适合自己的娱乐项目，这就要求公园的功能要多样化。比如说年轻人喜欢慢跑、骑车、打球、极限运动等，那就需要配置塑胶跑道、球场，并划定专门的活动区域；老年人喜欢下棋、唱歌、跳舞等娱乐活动，那就可以规划一定的室内空间，满足老年人的需求；小朋友喜欢游乐设施，如滑梯、秋千等，公园应该增加这部分设施。

6. 城市公园的防灾避灾功能

城市让生活更美好，最基本的前提是安全。古往今来，无论是城市起源的防御说，还是人类需求层次的安全论，都将公众的健康、生命和财产免遭损害作为首要目的。后周时，周世宗主持了都城汴京的营造，这在我国古代城市建设史上有着重要的影响。在规划汴京城时，周世宗曾说："屋宇交连，街衢湫溢。入夏有暑湿之苦，居常多烟火之忧。""闾巷狭隘……多火烛之忧；每遇炎蒸，易生疫疾。"显然他已经意识到，城市建筑不宜过于密集，必须适当留白，防止火烧连营，防止疫疾蔓延。

日本是一个地震灾害频发的国家。根据有关资料，1923 年的关东大地震，使东京、横滨两座城市化为焦土，仅东京市就烧毁房屋 21 万多栋。在震后猛烈的大火中，挽救人们生命、阻止火灾蔓延的，是城市里的公园、广场、庭园、河川等城市公共空间。当时在公园里避难的人数极多，如上野公园避难人数达 50 万人，宫在外苑有 30 万人，芝公园有 20 万人。据灾后的考察，剧烈的大火在不少城市公园周围停止了蔓延，因为这些地方相对空旷，有效阻止了大火的扩散。这次大地震使人们深切认识到，公园绿地对于一座城市的重要性。[1]

1993 年，日本颁布的《城市公园法实施令》中首次提出了“防灾公园”的概念，即为了保护国民的生命财产、强化城市的防灾构造，建设城市公园和缓冲绿地。三木综合防灾公园是日本首个防灾公园，它的功能定位主要为灾害发生时的应急活动据点、防灾人才教育培训基地、防灾情报发布中心、防灾调查及研究中心和地区体育运动场所。日本不仅注重综合性的防灾公园建设，而且在老城改造中，也注意新辟一些小型的社区公园，用作灾难发生时的人员逃生避难场所。这对于中国的城市公共开放空间规划建设，很有启示作用。

“灾”，不仅指灾害，还包括灾难。公园对特大城市的高层建筑密集区域的防灾救灾作用尤为重要。德国的城市规划确立楼间距，是以楼房倒下来不砸到其他楼房为标准。美国纽约在高楼大厦旁密布的公园，对减少“9・11”灾难损失发挥了难以估量的作用，这些公园成为人们在恐怖袭击发生时、不知道往哪儿跑更安全时的第一选择，也是唯一选择。试想，大城市建了那么多 CBD、那么多高楼，

1 石川幹子：《城市与绿地——为创造新型的城市环境而努力》，中国建筑工业出版社 2014 年版。

万一有个暴恐袭击怎么办？万一有个地震怎么办？万一有个火灾怎么办？

在多年的城市化进程中，我们着眼于城市道路、工业区、商业区和住宅小区的建设，对于城市安全、城市防灾减灾却没有给予足够的重视，特别是避灾广场、疏散通道、公共活动空间等的缺失，增加了城市运行的潜在风险。最近几年，经历了丽江地震、香格里拉大火等突发灾害后，作为城市规划布局上的“气眼”，如何建设具有安全保障功能的城市公共开放空间，已经成为需要我们研究解决的重要课题。通过建设完善的城市公园体系，并积极营造城市公园内的公共安全空间，充分考虑公园的可进入性、可利用性，不仅可以有效解决地震大火等灾害发生时的民众疏散问题，而且可以预防和化解重大灾害爆发时的集中破坏力，以及次生灾害出现时的持续破坏力。

营造中国特色的现代城市公园

世界园林史已有千年，东西方文化的差异，形成了中国园林和西方园林在风格上的显著差别。在当代社会，文化传统的差异也造就了中国和西方国家现代城市公园一些不同的特点和功用。中国现代城市公园与欧美国家城市公园的差别，主要体现在以下几个方面：

1. 大草坪、大广场与林荫大道

欧美公园因建得早，除了树木比较高大以外，就是公园的草坪比较大，硬质铺装比较少。这主要是因为西方民众集会和大型活动比较多，草坪可以承载多种公众活动；另外，西方人也以皮肤黝黑

欧美公园内的草坪

人们在廖家沟城市中央公园内跑步

为美，所以在国外经常会见到有人在草坪上晒太阳。我们国家的一些城市先前也学习西方建了一些大广场、大草坪，包括相对缺水的北方城市。其结果：一是生态效果没有树木多来得好，二是养护成本高，三是不符合中国人的生活习惯和审美标准。中国人以白净为美，女士们走在太阳下还要打遮阳伞呢，当然不会像西方人那样躺在草坪上晒太阳了。所以在我们的公园里，人们更喜欢在林荫道上跑步。

现在，有些城市公园在空中架很长的观光道，视觉效果图很好看，航拍照片也很好看，但使用效果不太好，成本高不说，大热天使用效率也不高。真正最美的公园跑道是掩映在林荫下看不见的跑道。为此，中国公园可以多栽乔木，把林木覆盖率作为现代公园的重要指标，不是追求视觉的冲击力，而是讲究公园的实用性。

2. 跑几公里与遛几圈

在欧美发达国家，慢跑已不仅仅是一种时尚，而是一种在日常

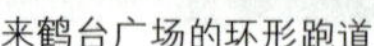
来鹤台广场的环形跑道

来鹤台广场平面设计图

锻炼中最常见的运动方式。正是由于慢跑运动的风行，发达国家在城市规划中非常注重在公共空间设置专门的健康跑步道，如城市绿道系统、城市公园、城市广场、滨江区域、宽阔人行道等，为跑步健身者提供慢跑乐土。而无论是使用城市绿道系统还是大型景观项目，路径的线性特征是其一个重要特点，往前走、折回头，“跑几公里”，对西方人来说很正常。

相比之下，中国人跑步喜欢在环线上进行，更常讲“跑几圈”“转几圈”“遛几圈”。比如晚饭出门散步，我们习惯说“出去遛弯”“去遛几圈”，很少有人会说“跑几公里”。我们曾在十多年前建了一个来鹤台广场，就是放射状的步道，使用效果一直很一般。近两年，我们把来鹤台广场改造为来鹤台社区公园，主要是改建了一个600米的环形步道，现在天天人气满满。晚饭后，周边成群结队的居民自发围绕环形步道逆时针转圈锻炼，已经成为扬州主干道文昌路边一道亮丽的风景。

如何解释这个现象呢？根子还在于文化与国情。中国人多地少，

"遛儿圈"所使用的用地，大大少于国外的城市绿道系统，或者大型景观项目。有的城市公园面积不大，环形跑道不长，也没关系，多走几圈就是了。另一方面，中国人喜欢"遛儿圈"，这中间也包含着中国传统文化对于"圆"的偏好，"圆"有圆满、团圆的美好寓意。中国人吃饭喜欢用圆桌子，大家围成一圈吃饭，又聚气又热闹。领导看文件也叫"圈阅"。另外，中国人不喜欢走回头路，顺着多走几遍不要紧，但折回来重走，不带劲。这也是一个心理因素。

3. 古典造园手法的现代应用

中国特色现代城市公园与西方城市公园最大的差异性、区分度应当体现在中国古典造园手法的现代应用上。

中国古典园林从先秦时代的苑囿，到明清时期的私家园林，再到现代园林，历经了3000多年的历史演进，凝聚了中华民族的政治思想、社会经济、文化艺术、科学技术和自然观念发展的精华，[1]同时也积累了很多优秀的造园手法。历朝历代都有一些经典的园林代

最常用的古典造园技法叠山、理水在现代城市公园中的应用

三湾公园水边一景

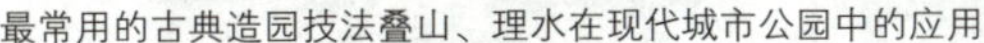

1 李铭：《园林景观中国风的现代意义》，载《现代园艺》2013年第4期。

表作，有的已消失在历史长河中，有的至今还完整地保存下来，成为吸引现代人休闲观光的名胜古迹。

今天，我们在营造城市公园时，要特别注意借鉴中国古典园林的设计手法，讲究师法自然、因地制宜、巧于因借与以小见大。在公园格局上，要突出中国园林的山水意境，在叠山、理水上做足文章。这是营造中国现代公园最需要下功夫，也是最体现造园功力的地方。中国特色公园中，对公共配套设施应大量使用中国传统园林建筑样式，如亭、廊、榭、轩、阁、塔、牌坊等，既有观赏性，又有休憩、避雨、阅读，包括餐饮、小卖部等功能。只不过，这些建筑要多用便于维护也经久耐用的石质或现代材料。中国传统园林中的抱柱、牌匾等也可大量使用于公园公用建筑中。这也是与西方公园“韵味”最大的不同之处。在造园手法上，现代公园应当在建设公园公用设施时运用和植入亭、桥、廊、碑等中国古典园林元素，这是中国特

廊亭

抱柱

水榭

阁

色现代公园与西方公园辨识度最明显的地方。这样的城市公园才能既体现鲜明的中国特色，又具有现代意味。

4. 公园建设要因地制宜

中国是世界上最大的发展中国家，也是城市人口最多的国家。

城市需要建设公园，土地资源又很紧缺，这是一个矛盾。解决这个矛盾的办法，就是因地制宜，充分利用有限的土地资源，见空插园，着力打造城市公园精品，在“巧”字上下功夫。

◎巧用城市内部河道——扬子津古渡公园

扬子津古渡公园在古运河吴州桥和开发路大桥之间的两岸建起了全程长约1800米的健身步道，建有篮球、羽毛球、网球、足球场等体育设施，以及占地2500平方米的球类服务中心，方便广大市民跑步健身；专门建有多处儿童游乐场地，滑滑梯、跷跷板、海盗船等各式游乐设施俱全，为孩子们量身打造“快乐天堂”；儿童游乐场往北100米是文艺演出广场，既可供人们观看表演及露天电影，又可用于社区开会；利用古运河这一得天独厚的资源，多处打造河岸亲水平台，还修建了四方八角亭、文津古渡大牌坊等古色古香的建筑，点缀其间，让人们品读到古运河文化；同时，建起了城市书房、自助图书馆，以及文化长廊、文化读书广场等，让人们在得到休闲健身的同时，忆起千年古镇的风情韵味；此外，还建起了廉政文化广场，让广大党员干部和群众在欣赏古运河美景的同时，能够在潜移默化中接受廉政教育思想的浸染，产生“润物细无声”的效果……

中国大多数城市依水而建，人们逐水而居，市内河道众多、桥梁也多。可以充分利用这一普遍存在的资源，把相邻两座桥之间的

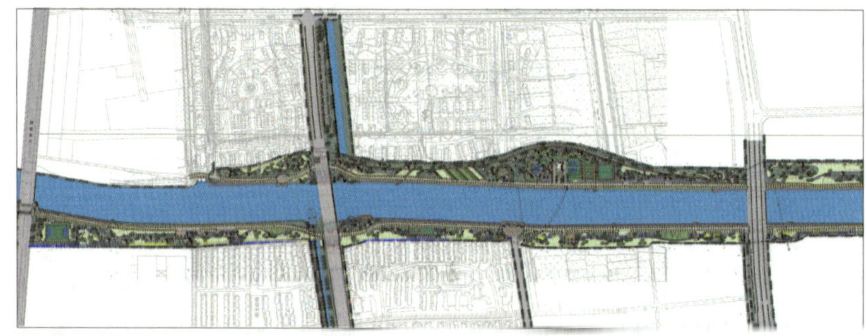
扬子津古渡公园规划总图

休闲广场

下沉式音乐广场

服务用房

扬子津古渡公园夜景

羽毛球场

儿童活动区

区域作为一个单元打造成公园。具体做法：一是变堤为道，将河两岸的大堤拓宽为步道；二是变桥为路，将河上相邻的两座桥，在内侧用无障碍步道与堤上的步道连接起来，使桥和堤岸共同组成一个环形步道；三是变河为湖，把步道围合的这个河段进行湖泊化改造；四是变岸为景，利用堤岸两边的空地（大部分是废弃地），在步道两边种植行道树，有纵深的地方嵌入式建一些体育设施。

◎巧用桥下空间——扬州五台山大桥公园

五台山大桥位于扬州万福路，横跨古运河。过去桥下空间是杂草丛生的空地，对这一空间进行改造时，不少市民还提出了自己的意见。如有些市民提出桥下公园被一小沟分割，到桥下休闲健身时，行走不便，希望能够将这一小沟填平，将闲置地改造提升、充分利用；希望在桥下增加乒乓球台等健身设施，改善照明条件，同时解决非机动车停车难题。根据市民的意见，我们对该区域范围进行景观和功能的科学规划、重新布置，增加了一块街舞广场和一块儿童活动场地，增加运动健身设施，合理分布乒乓球场地、羽毛球场地等，最大程度利用桥下空间。保留优质的现状绿化，对部分区域进行绿化景观提升，栽种树林草地，点缀少量树形优美、树冠伸展的高大乔木，打造一个简洁、大气的绿化空间，供市民沐浴阳光、户外休憩，真正做到零距离接触大自然。

实施改造后，五台山大桥桥下空间形成300多平方米的篮球场、200多平方米的羽毛球场、1条宽2.5米长1公里的环形健身步道，

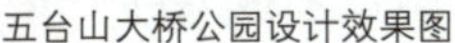

五台山大桥公园设计效果图

五台山大桥桥下空间的利用

设置乒乓球桌12张，各类棋牌桌椅20套，区域范围内绿化面积提升1.2万平方米。改造后的五台山大桥公园，特别是桥下的乒乓球场、篮球场、羽毛球场，成为风雨无碍的活动场地，得到周边居民的好评。

◎巧将“校园变公园”——振兴花园小学

振兴花园小学是扬州经济技术开发区一所九年一贯制学校，学校建设用地123亩，总建筑面积约6.6万平方米。学校在设计时即嵌入开放共享理念，用足开放共享空间，在保证正常教学秩序和校园安全的前提下，推进校园文化、体育等设施对社会开放，打造与社会共融、资源共享的开放式学校。

在学校建设之初，就提出校园、社区公园一体化，通过“围墙后退一米”，形成校园围墙外侧1.2公里环形步道，全天候对市民开放，接送孩子的家长在等候的过程中，不用聚集在校门口低头看手机，而是围绕步道休闲健身，有效利用了闲置时间。步道两侧设地灯和高杆灯，供周边市民夜晚健身照明，步道中设风雨长廊，供市民健身休息；围绕围墙种植香樟、银杏等高大乔木，围墙边栽种凌霄、野蔷薇等爬藤植物，实现“围墙花墙一体化”。

学校在艺体楼一层设置“城市书房”，24小时对外开放；学校图书馆与城市书房资源共享，提升师生的阅读空间，拓展社区居民的阅读资源，实现“学校图书馆、城市书房一体化”；利用学校风雨活动场所，举办“道德讲堂”，邀请知名专家学者等定期开讲，“小手拉大手”向学生及家长宣传社会主义核心价值观和传统文化，实现“家校学堂一体化”。在非教学时间，学校运动场（足球场、篮球场、排球场等）和室内游泳馆、篮球馆、乒乓球馆等活动区域均对市民开放，实现“操场广场一体化”。

校园文体设施、停车场等对社会开放，主要服务对象是学校周

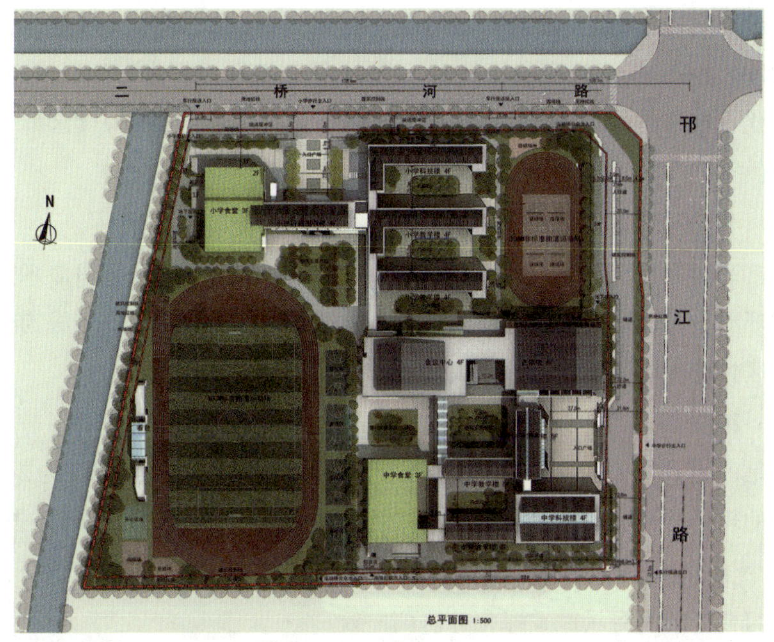

振兴花园小学平面图——标红线处为环形步道

边社区的群众。为使开放工作有序进行，确保开放时间在校学生安全，学校与市民实行错峰使用共享区域，校园周边的环形步道和艺体楼内城市书房 24 小时对市民开放；校园内文体设施，周一到周五，每天 17:30—20:30 对市民开放，节假日全天开放。安全上同时实施人防技防物防，安保人员 24 小时巡查，开放共享区域通过数百个探头，实现 24 小时全方位监控，教学区和非教学区利用围网和门禁进行隔离。

振兴花园小学的校园公园一体化是在社区已有功能设施的基础上叠加公园的典型案例。我们的学校尤其是小学，往往建得早，布局也比较均衡，其操场等活动空间在早上、晚上完全可以开放给社会使用。只要添加必要的安全设施、照明设施和体育设施，校园完全可以变成公园。新建的学校更要从一开始就推进校园公园一体化设计。未来，围绕社区的邻里中心、购物广场都可以考虑以环形步道、绿化、高杆灯等基本要素为先导，推进社区公园建设，为社区群众提供家门口的休闲活动空间。

◎ 巧在小区建脚下的公园——中海嘉境小区

2016 年，扬州中海嘉境小区在小区内建设了 700 米长、1.2 米宽的环形塑胶步道，步道环绕小区内 17 栋住宅、1200 户住户，成为该小区打造优教运动住区的一大亮点。

2018 年 5 月，扬州出台了新的小区规划出让条件，其中有一条就是占地 100 亩以上住宅小区必须配建长度不少于 500 米、宽度为 2–5 米的环形健身步道。占地 50 亩以上住宅小区宜配建不少于 300 米长、不小于 2 米宽的健身步道。小区健身步道应与居住区道路相结合，并与相连的健身场地、绿化等协调一致。

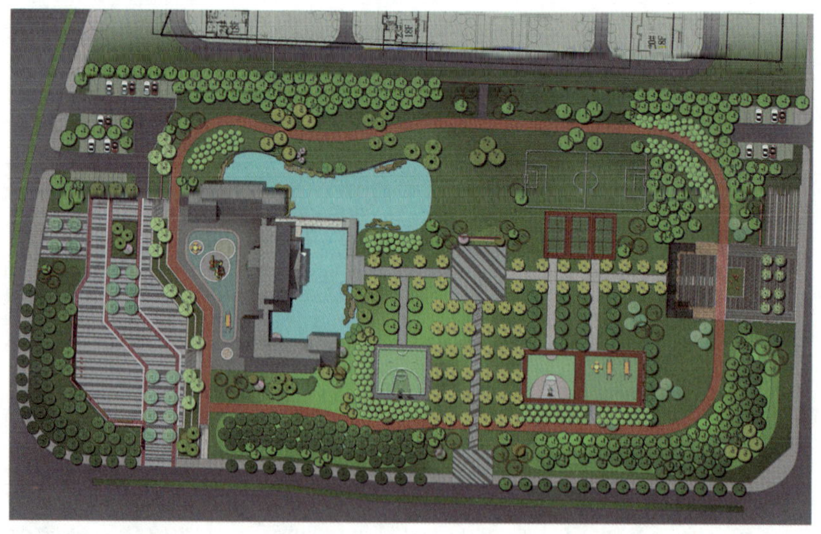

嘉境邻里公园平面图

◎巧用低层公用建筑物——扬州市广陵区体操馆

扬州市广陵区体操馆是江苏省第十九届运动会比赛场馆，该项目位于扬州市广陵新城核心区南北中轴线上，与扬州科技馆隔河相望，地块在公共空间节点上占据重要位置，东西临李宁体育园和京

广陵体操馆——沿体操馆周边为环形步道

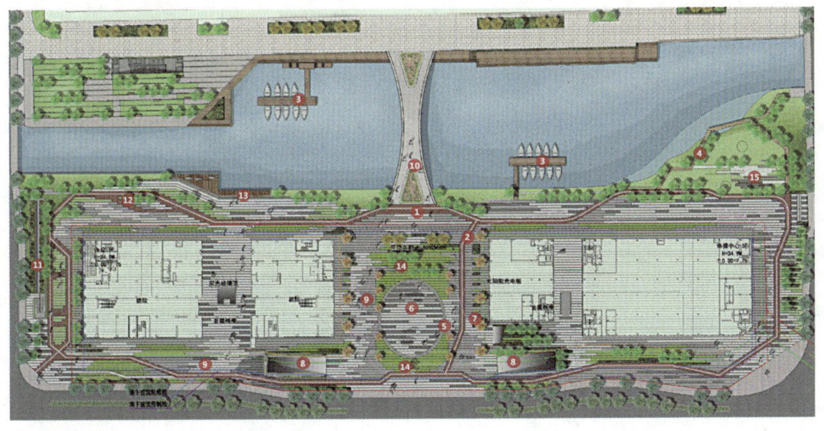

广陵体操馆景观、环形步道设计方案

杭之心，紧邻北侧市民生态广场，与生态广场组合在一起，形成了一个比较大的城市公共空间。项目融文化、休闲、餐饮等功能为一体，为市民提供了一个交流、体验城市生活和城市文化的立体空间。

体操馆在赛时可承办专业的体操比赛任务，在平时也可为篮球、乒乓球等项目提供运动场地，开展体育教育、培训。为了实现项目的公园化改造与利用，建设方在环绕体操馆周边建设了长 800 米的人行步道，在北侧打造了 400 多米亲水景观带，中心广场设有 30 米直径的轮滑场，这些体育设施的植入，极大地增强了广大群众的体育健身意识，对推动全民健身运动深入开展具有十分重要的意义。

从 CBD 到 CAD 再到 CEAD

随着城市的发展以及人们对人与自然关系认识的深化，关于城市中心的概念也在发生变化，城市中心的定位逐渐从早期的 CBD（Central Business District，中央商务区）向 CAD（Central Activity District，中央活动区）和 CEAD（Central Ecological Activity District，中央生态活动区）转变。

过去的十几年，是中国城市化发展最快的时期，也是城市规划尤其是新区规划编制最多的时期。分析各个城市新的规划图，几乎都有城市 CBD 的规划。世界上有许多著名的 CBD，如纽约曼哈顿、东京银座、北京金融街、上海陆家嘴、香港中环等，这些城市中心

曼哈顿中央商务区 CBD

往往高楼林立，寸土寸金，代表了城市的实力，也决定了城市在世界的地位。但是不是每个城市都要建 CBD，都有条件建 CBD？答案应当是否定的。真正的 CBD 并不是以城市为单位布局的，而是以全球，以国家，至少以某一个区域来布局的。城市不到一定能级不可能建成 CBD。事实上，我们各个城市规划建设的 CBD 无非是高层建筑群，标配是几大银行组成的金融集聚区和高档写字楼、星级酒店、高端商场等。这些所谓的 CBD，不仅规模小，而且不可能吸引到足够多的高端商业机构和商务人士来活动，即使一些商场有一定人气，但在超市普及、网购兴起的大背景下，去商业中心购物的人数也在直线下降，毕竟购买大件、高档消费品、奢侈品的只是少数。这些所谓城市 CBD 与其说是商务中心，倒不如说是 Downtown，就是城市的一个中心。对大多数中小城市来说，一个城市所谓的 CBD，也就是一到两个 Downtown。

进入新世纪以来，上世纪七八十年代欧美国家盛行的 Shoppingmall（大型购物中心）被引入我国，并逐渐以其集购物、餐饮、休闲、娱乐为一体的经营模式和全方位的服务获得迅速发展。一个真正意义上的 Shoppingmall 大体包括十大品牌店、大型超市、美食街、中高档餐厅、电影院、咖啡座等等，很适合消费者全家出动去购物或娱乐，往往成为城市居民普遍认为可以去逛逛的地方，是城市的客厅，是城市有吸引力的中央活动区（CAD）。

与 CBD 相比，CAD 在功能上继承了 CBD 的商业、商务功能，同时又适应新经济发展和人的需要，突出并强调文化、休闲、创意及高品质住宅等功能，这些功能更加多元、复合、丰富，可以成为人 24 小时的活动区域。所以，我们现在也常常说，城市建筑化、建筑城市化，建筑与城市越来越密不可分。如上海在“2035 城市总体

扬州京华城 CAD

规划”中就提出要打造承载全球城市核心功能的中央活动区。

随着后工业化时代的来临，人们对公共开放空间的要求越来越高。除了功能性的诉求，叠加了生态功能特别是公园设施的 CAD 即 CEAD，在一定程度上满足了都市人群回归自然的愿望，城市公园等公共空间成为 CEAD 的重要组成部分，城市、生态、人成为密不可分的共同体。以公园绿地作为城市发展的核心，使公园绿地和城市的大型公共服务设施、商务区、居住区结合在一起，成为城市的中心，强化了城市中心的生态功能，使中心区既环境友好，又富有活力。公园从生态功能看，是城市之肺；从使用功能看，是城市客厅。公园从可有可无的城市附属品，变为城市的必需品，走上了城市舞台中央。

从 CBD 到 CAD 再到 CEAD，城市中心的功能正在逐渐从单一的生产功能，向生产、生活、生态多种功能的复合转变，这也契合了当下以人为本、与自然和谐共生的城市发展理念。一个城市只可能有为数不多的 CBD，但它可以有多个 CAD 和 CEAD。CEAD 越来越成为驱

瘦西湖中央生态活动中心 CEAD

动城市发展、提升城市品质、满足人们美好生活需要的新动能。

宋夹城是扬州公园城市建设的一个标杆，也是一个典型的CEAD。宋夹城之所以好，一是在城市中心，离老百姓近。原来宋夹城只有一个西门，走过去不方便，大家认为它远。后来，我们大范围拆迁宋夹城周边的老旧建筑，新建了南门和东门，一下子把宋夹城拉进老城，方便了老百姓达到。二是生态好，宋夹城里 90% 以上的区域栽种了树木，而且周边是水域，空气好。三是活动设施多、全、好。步道、球场、儿童游乐设施、咖啡屋、茶吧一应俱备，室内室外都有；整个公园也有一定的面积，一圈步道 3.2 千米，是一个特别适合日常快走锻炼的长度。四是免费开放、管理得好，真正是老百姓自己可以随意进出的公共空间。

◎衡量公园城市的维度
◎世界公园城市经典案例
◎扬州公园城市建设的探索与实践

三 公园城市

公园城市就是要让城市处处有公园，人人可以方便地享用公园。居民对于城市公园这种公共福利的享受，最理想的到达方式就是步行。

以前，国家评定“中国园林城市”，是因为城市里有多个园林，特别是著名园林。但由于公园姓“公”的根本属性，它不仅是功能设施，而且是基础设施，必须具有普惠性。从这个意义上说，公园城市并不是单个城市公园的简单累加，而应该是以城市为整体的布局与体系。公园城市不仅仅是一个新概念，更是一个城市规划的新理念。从世界范围看，研究城市里公园的著述很多，但把一个城市作为主体，来研究公园对整个城市的意义，以及如何使整个城市像一个公园，这方面的研究是一个新命题。

衡量公园城市的维度

很多人可能会认为，公园城市无非就是城市里的森林绿地很多，城市里有一些大型的城市公园，等等。这两个指标侧重点是绿地和单个公园，没有从全域角度去考虑，也就是没有从居住在城市各个部分的所有市民的角度去考虑。公园城市的着眼点是城市，落脚点是市民。

一座城市的人均绿地面积大，是不是就是公园城市？过去我们衡量一个地方的绿地，都是讲人均绿地面积。但有的城市本身就是山林城市、丘陵城市，人均绿化面积肯定很大，这是一种得天独厚的自然条件。而且许多山林常常在城市的外围，即便市中心的山林，如果面积大、林木覆盖率高、山坡陡，也不是所有人都能爬、所有时间都能去，利用率并不高。而且，市中心的大山体必然会造成对城市的分割，刻意地把一个大的山体规划到城市中间，对城市的基础设施建设成本、城市运营成本，以及城市形态的连续性有不可避

滨海公园

社区公园——扬州嘉境邻里公园

免的影响。林木覆盖率高，可以称之为森林城市、生态城市，但不一定是公园城市。

那么，一座城市拥有几个面积很大的公园，是不是就能称为公园城市呢？很多地方在城市郊野地带动辄修建几平方公里、几十平方公里的大公园，这种面积很大的郊野公园，市民只能周末、节假日去，平时却没有什么人气。在城市建成区如果只是建为数不多的标志性大公园，只能方便周边居民，其他地方的居民只能偶尔来一次，也不能称为公园城市。而且，面积很大的公园在城市里，有利有弊。

其弊在于，一是可能对城市形成分割。杭州的西湖、南京的玄武湖、扬州的瘦西湖，因处市区、面积较大，对城市分割明显，所以都建有地下隧道，降低分割程度。二是不利于日常使用。杭州西湖和南京玄武湖环形步道周长都是 15 千米，走一圈下来 3 个小时。扬州宋夹城体育休闲公园一圈跑道 3.2 千米，走一圈 40 分钟，老百姓来 10 分钟、在公园里走 40 分钟、回 10 分钟，总共 1 小时锻炼时间，大概可走 1 万步，是一个舒适的活动量。

公园城市，公园是定语，城市是主语；是以城市为单位来考虑公园规划建设，以公园建设推动整个城市的发展。城市是由多区域、多人群组成的，公园城市就是要让城市处处有公园，人人可以方便地享用公园。因此，衡量一个公园城市有以下四个重要维度：

1. 均等可达性

衡量一个城市是不是公园城市，最重要的维度是公园的均等可

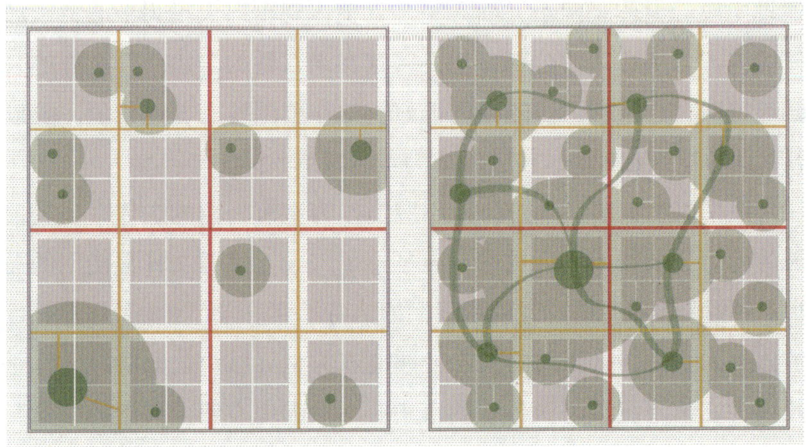

公园均衡性分析图

达性。生活在城市不同地方的人，是不是都可以方便快捷地到达公园，这应当是衡量公园城市的第一标准。

公园城市建设要有整体思维，要基于环境公平的原则，以城市为单位来规划公园的布局，尽可能提供更多的公园，减少各个居民区之间的差距，让所有市民都可以平等地享受到公园的福利。如果没有这种完备的公园体系，没有一定数量的公园作为支撑，而只是集中力量打造几个大型城市公园，这样的公园建得再大、再漂亮，功能再齐全，也难以充分彰显城市公园应有的价值，体现不了公园是一个城市的公共福利。

2. 便捷到达性

公园的便捷到达性主要有两个衡量标准：一是平均可到达时间，二是到达的方便性。国外研究资料表明，如果一个公园周边有快速路或主干道，没有人行大桥或地下通道到达，人们越过马路去公园的意愿会降低30%。要方便居民进入公园散步消遣，在公园城市的建设中应着力体现两个方面：一是真正体现出以人民为中心，以居住的人群为中心来建公园，把公园建在老百姓的身边。**什么样的公园最好？老百姓家门口的公园最好。**二是公园要有普惠价值，要以社区为单位来建公园，使公园成为宜居城市的标配。

根据以上标准，郊野公园不应当作为城市公园的主体来研究。因为郊野公园距离城区较远，满足不了广大人民群众日常使用的需求。郊野公园本身的意义就跟我们的旅游景点一样，主要是休息日、节假日去。为什么纽约的中央公园能成为世界城市公园的经典？正是因为它位于纽约高楼林立的市中心，极大地方便了周围的居民，这也有力地佐证了城市规划的一个重要理念：**位置为王。**

3. 体系性

公园城市的建设，应该具有一个完整的公园体系。各种不同类型的公园合理搭配布局，构成了公园城市的基础，形成大型中心综合公园——社区公园——小型公园（口袋公园）的公园体系。大公园固然越多越好，但公园的布局更应该讲求科学合理。

大型中心综合公园。公园城市必须有几个面积比较大、环境比较好、功能比较齐全、老百姓比较喜欢的标志性公园，这样的公园，能够代表城市形象。纽约的帝国大厦和自由女神像都很有名，但从城市角度来看，中央公园也是纽约的关键标志；同样，法国巴黎的卢森堡公园、伦敦的海德公园等也代表着他们的城市。要建设真正

扬州曲江公园

有说服力的公园城市，首先必须有几个能代表城市形象的、具有很高辨识度的公园。这几年，扬州在建设公园城市的探索上取得重要进展，公园成为了扬州的城市新名片，首要的一点就是扬州兴建了五六个大型中心综合公园，如北部的宋夹城体育休闲公园、南部的三湾公园、西部的明月湖公园、东部的中央公园、自在公园、源头公园等。这些大型中心综合公园，现在不仅成为了扬州市民的"健身房""后花园"，也成了外地游客来扬州观光的新景点。

社区公园。标识性的大公园是必要的，但是，公园城市的主体是社区公园。社区公园作为居民最易接近也是数量最多的公园绿地，其空间布局是否均衡，直接影响居民的日常交往、游憩、锻炼和活动。一个公园城市里，80% 以上的公园都应是社区公园。一个人活动的

扬州蝶湖公园

英国剑桥北角口袋公园

半径主要就是他所居住的社区，从这个意义上讲，宜居城市的落脚点是宜居社区，而社区公园是宜居社区的关键。从国内外的公园城市发展案例来看，构建基于服务范围、布局均衡、规模中等的社区公园体系，有助于促进邻里交往、增强社区凝聚力和主动干预人群健康。

小型公园。在大型中心综合公园、社区公园之外，有时还需要因地制宜设置一些小型公园，也称口袋公园。这些口袋公园规模很小，常呈斑块状散落或隐藏在城市中间，为附近居民服务。城市中的各种小型绿地、小公园、街心花园、社区小型运动场所等，都是市民身边常见的口袋公园。口袋公园能够适应高密度城市中心区土地资源稀缺的现状，有效利用城市中的零碎空地、边角空间，形成绿色斑块状的城市公园系统，成为整个公园城市的有效补充。

4. 连通性

除了建立等级分明、层次清晰的公园体系，各个公园之间的连通性也十分重要。连通使单个公园、若干个公园群成为一个有机整体。连通的绿色步道本身也成为公园的一个有机组成部分。连通使公园无处不在，“泛在”的公园就是公园城市。将城市里的公园连成一个整体，最早可追溯至1867年美国奥姆斯特德设计的波士顿公园系统，他利用200—1500英尺宽的绿地，将数个公园连成一体，在波士顿中心地区形成了景观优美的公园群。

案例：“翡翠项链”——波士顿绿地系统

波士顿“翡翠项链”并不是指某一个公园，而是指波士顿市的整个公园体系，被波士顿人亲昵地称为“翡翠项链”（Emerald Necklace）。

在“翡翠项链”的设计中，用公园道路或其他线形方式将城市公园连接起来，或者直接将公园延伸到附近社区中去，以便附近居民进入。[1]“翡翠项链”从波士顿公园到富兰克林公园，绵延约16公里，由相互连接的9个部分组成。经过百余年的经营，波士顿大都市公园体系以不同的形式保留、发展或者建造了20000英亩左右（大约80平方公里）的城市公共空地，成为其他美国城市，如克利夫兰、芝加哥、明尼阿波利斯等竞相效仿的范例。

1 刘东云、周波:《景观规划的杰作: 从“翡翠项圈”到新英格兰地区的绿色通道规划》，载《中国园林》2001年第3期。

波士顿公园体系平面图

目前，美国每年正在规划和建设的绿道有几百甚至上千条。[1] 俞孔坚等认为，绿道通过构建支撑生物活动的生态廊道、整合滨河绿地净水和雨水收集作用、修复湿地生态、建立慢行系统、建设文化遗产廊道、提供标识解说系统、完善游憩功能等举措，将分散的绿地空间以绿道的形式进行连通，形成整体的绿道网络，控制了不合理的建设活动，有效保护和改善了城市的公共开放空间。

公园是一座城市的“绿岛”，但绝不能成为互不关联的“孤岛”，我们强调公园对城市的意义，但是也要防止公园对城市的割裂。公园不是孤立存在的，要同绿色步道连接起来，通过构建公园绿色慢行系统，将大大小小的公园串联起来，形成一个公园有机体，从而扩展城市公园系统。

现代社会是以人为中心，还是以车为中心呢？改革开放以来，在人民生活变化方面，除了城市化、信息化以外，很重要的标志是汽车社会的到来。美国是先进入汽车社会，后进入信息社会；而我国则是先进入信息社会，后进入汽车社会。汽车对人们生活的影响

1 孙蕾、潘宜：《波士顿大都市公园系统与珠三角区域绿道的比较研究——以深圳为例》，载《中国园林》2011 年第 1 期。

高架路

自行车道

步道

很大，对城市建设的影响更是巨大。在城市内部修建快速路，成为我国现阶段许多城市的选择。快速路是以车为中心的，往往修得很宽，而且必然会在许多路口建立交桥和高架桥。快速路在给我们开车带来方便的同时，也会对一座城市造成分割，使人的通行受到极大的影响。发展中的城市为了提高车速，降低了人步行的方便、安全与舒适度，这是“车比人先”。古语讲“宽街无闹市”，这在我们现在的城市屡见不鲜。现在西方发达国家一些城市正在大力推进绿色出行，规划理论界也提出步行指数等概念。上世纪五六十年代，美国纽约掀起了一场持续20年的城市保卫战。以《美国大城市的生与死》的作者简·雅各布斯为代表的市民团体认为“城市不属于建筑、不属于马路、不属于汽车，而属于行人和市民”，市民反对城市管理者延伸第五大道，反对在纽约市区建快速路，全力保卫公园等公共空间，纽约至今还是街坊式的城市结构。法国巴黎把几条已经建成的快速路改为普通路，并开始规划建设自行车专用快速路。2007年完工的波士顿中心隧道工程，建设的主要目的也是将上世纪50年代波士顿城内修建的一条沿海湾的高架快速干道全线埋入地下，以消除高架路对城市的人为隔断，以及产生的噪声、污染等不良影响，高架路埋入地下后，原地上部分建设了一条绿色廊道，使之变成城市的公共空间。但是，以隧道方式建快速路，其安全风险和运营成本也会大幅提高。

真正以人民为中心，不仅要考虑日益扩大的行车需求，还要思考更多适合人行的方案，譬如建设绿色步道，打造城市慢行系统，建设一个适合人步行的城市。以扬州为例，扬州市区本身面积不大，上班距离超过五公里的人还不到30%，也就是说，大部分人是可以通过慢行系统走路上班的。在合理布局、科学建造公园的基础上，通过绿色步道将大大小小的公园串联起来，使得各个城市公园有机连通，成为一个不可分割的整体，就能让更多的人养成步行上下班的习惯，也让更多的市民能够方便、舒适地去附近的公园休闲健身，这会有助于降低能耗，减少因车流量过大形成的空气污染、噪音污染，也有助于把我们的城市建设成真正的公园城市。

居民对于城市公园这种公共福利的享受，最理想的到达公园的方式就是步行。我们可以设想，假如一个公园的旁边铺设了快速路，不断有汽车呼啸而过，必然对人们出入公园造成极大影响，既不安全，也不便捷。因此，在考虑人与公园的关系时，有两点尤其重要：一是要铺设连通公园内外的通道，比如绿色步道、天桥、地下通道；二是公园旁边一定要建有停车场。

均等可达性、便捷到达性、体系性和连通性，构成了衡量公园城市最基本的四个维度。

世界公园城市经典案例

◎纽约——最大的公园城市

纽约是世界上最发达的城市。提起纽约，人们往往会想到高耸入云的摩天大楼、四通八达的公共交通以及繁华摩登的都市生活。但纽约同时也是世界上最著名的公园城市之一，是纽约的城市公园建设，推动了欧美地区城市公园的建设，并形成了轰轰烈烈的城市

纽约中央公园航拍图

纽约中央公园

公园运动。[1] 我们到纽约，既要看高楼大厦，也要看其公共空间的建设与利用。纽约作为最早的公园城市，为其他地区树立了公园城市建设的标杆。

纽约建设公园的设想源起于 19 世纪中期。当时美国城市化进入高速发展阶段，大量的农村人口和工商业向城市集中，导致地价不断上涨，高层建筑不断涌现。城市形态最明显的特征是集中和密集，过去那种开敞的城市空间和合理的建筑物间距被密集的厂房、拥挤的住房、高度集中的商铺和繁忙混乱的交通所取代，人们渴望拥有像巴黎的布隆森林和伦敦的海德公园一样为公众提供的完全意义上的休闲场地，在一天的劳累后，有一个地方呼吸新鲜空气。于是，纽约公园委员会决定在一块 341 公顷的土地上建设中央公园。

1　李韵平、杜红玉:《城市公园的源起、发展及对当代中国的启示》,载《国际城市规划》2017 年第 5 期。

纽约中央公园建设，充分吸收了英国公园运动的经验，[1] 推崇愉悦放松的设计理念，针对纽约网格状的街道布局，把四条东西向的城市干道安排为下沉式公路，将城市交通与公园之间的互扰减至最低，保证了公园公共空间的完整性和步行游览的安全性。经过 15 年的建设及以后长达一个半世纪的各种景观和基础设施的完善，中央公园成为面积 340 公顷，占 150 个街区，有总长 93 公里的步行道、9000 张长椅和 6000 棵树木的规模巨大的公共空间。公园里有浅绿色的草地、树木葱郁的小森林、庭院、溜冰场、儿童乐园、露天剧场、两座小动物园，有历时 90 分钟看遍整个公园的无轨电车游览线，有可以泛舟水面的湖泊，有网球场、运动场、美术馆，等等。园内的活动项目也很多，从平时的垒球比赛，到节庆日举办的各种音乐会，为身处闹市中的居民和游客提供了便利的休闲场所和宁静的精神家园，为人们呈现了最自然、生态、原真的生活状态。中央公园实行免费开放，公园每年游览人数达到 2500 多万，在夏季每天达到近 30 万人次，冬季每天大约 3 万人次。

受到中央公园巨大成功的鼓舞，纽约开始设计地标性的纽约公共空间，包括展望公园、河滨公园、东方公园大道和海洋公园大道。从 1934 年到 1960 年期间，纽约城市公园用地从 56.66 平方公里上升到 140.02 平方公里，公园数量大大增加。但到了 20 世纪 80 年代，由于资金匮乏、员工减少，城市公园的质量开始下降，纽约留下许多荒废的空地。转折点出现在 1981 年，纽约宣布了一个长达 10 年、耗资 7.5 亿美元的支持计划，重建纽约的城市公园系统。

经过 100 多年的努力，今天的纽约，是世界上最大的公园城市之一，在各个维度上都体现了公园城市的要求。纽约中央公园这一

1　丁继军、杨小军：《由纽约中央公园谈城市空间与公共空间》，载《山西建筑》2009 年第 34 期。

纽约公园绿地分布图

永恒的经典，为纽约居民的生活提供了充足的绿色休闲空间，同时也成为了纽约的地标式景点。如今在摩天大楼林立的曼哈顿岛上，纽约市民照样能在繁华的市中心享用到如此环境优美的大公园。纽约建设了全美最大的城市公园开放系统，整个公园体系由一系列区域性公园和大型公园组成，这些公园为每一位纽约居民提供休闲、运动、文化、教育等全方位的体验。

即使到今天，纽约仍在推进公园城市建设。虽然纽约城市公园数量很多，但由于城市人口过于密集，纽约的人均绿地面积几乎比全美地区任何一个大城市都要少。所以，在纽约“2030 规划”中，提出了将“土地的用途变得多样化”的城市公共空间规划思想。这个思想的核心是确立纽约市民居住在“十分钟公共空间步行圈”内，主要从两个方面来保障：第一，使现有公园可以被更多的市民使用，同时，完成尚未竣工的公园，开发新的区域性公园和大型公园；第二，延长现有场地的使用时间。具体的措施有：提供更多的多功能用地，将沥青场地变为多功能草场地；通过安装额外的夜间照明设备，最大限度地延长现存草场地的使用时间，等等。

◎温哥华——最宜居的公园城市

温哥华是加拿大西南的海滨城市，三面环山，一面傍海。2005年，温哥华被英国经济学家信息部（EUI）授予“世界最适宜居住的城市”。2015年，它在全球最宜居城市调查报告中名列榜首。温哥华也曾连续多年被联合国人居署评选为“全球最宜居的城市”。温哥华的宜居体现在城市生活的各个方面，其中公园是衡量其生态、环境与宜居质量的一个重要指标。应该说，温哥华作为最宜居的城市，必然也是一个优秀的公园城市。

在温哥华，大大小小的公园随处可见，广泛、均衡覆盖的240多个城市公园，形成了遍布全城、均匀分布的公园体系，温哥华市的目标是让市民出门步行5分钟就可以到达公园。其中，占地4平方公里的斯坦利公园是北美地区最大的城市中央公园，占地0.53平方公里的伊丽莎白女王公园，则是由废弃的采石场改造建设的经典城市公园。伊丽莎白女王公园坐落于温哥华市区人口密度颇高的地段，整座公园建在海拔150米的小山坡上，是温哥华的最高点，从公园可以俯瞰全城景色。围绕园内的多座废弃矿坑，公园的规划建设者因地制宜建设了日本的樱花庭院、桑肯的茱萸花园以及郁金香、杜鹃、水仙等主题花园，数百种花卉争奇斗艳、妖娆多姿，花间小径、瀑布流水穿梭其间，铸就了一座经典的城市中央公园。

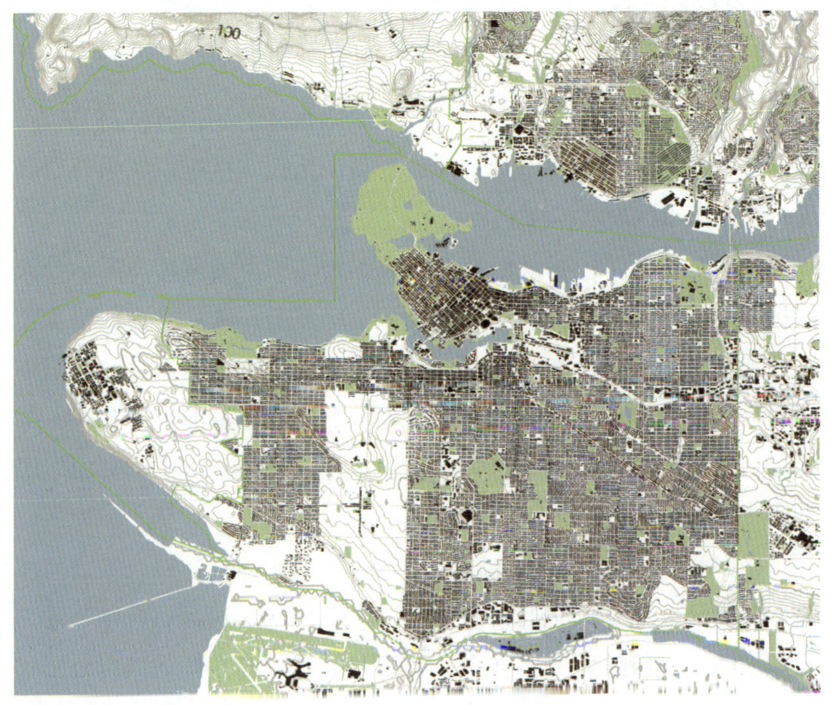

温哥华公园绿地分布图

纽约是世界上商业最繁华、人口最密集的城市，其建筑以摩天大楼著称；温哥华是世界上气候、环境最适宜人居的城市之一，其建筑以多层和别墅为主。无论是最繁华的纽约，还是最宜居的温哥华，都把公园系统建设作为其公共设施建设的重点，都是公园城市建设的国际范例。我们学习借鉴这些城市，不仅要学习看得见的摩天大楼、滨海建筑群和几个标志性的建筑，而且应当研究广泛分布在这两个城市各个区域的绿色公共活动空间——公园。

扬州公园城市建设的探索与实践

以往提起扬州，人们首先想到的是声名远播的扬州园林。但现在，随着扬州公园体系建设有计划地一步步地扎实推进，扬州开始展现出公园城市的现实模样。

从宏观上看，扬州已经基本完成了公园城市的整体布局。今天的扬州主城区，共有大大小小的公园200多个，数量众多，覆盖整个扬州城区。在公园的布局上，每一个公园的选址，不管是城市中心的大型综合公园，还是利用边角零散空地建起来的口袋公园，都经过了反复的研究、论证，力求科学、合理、均衡，使所有的居民都能更便捷地到达自己身边的公园。

在方便可达性上，扬州公园城市建设目标是形成"111"公园体系，即步行10分钟可到达口袋公园，骑行10分钟可到达社区公园，开车10分钟可到达大型中心综合公园。建设"泛在"的城市公园，使公园最大地发挥其普惠价值，让所有老百姓都能切实享受到公园

"111"公园体系建设目标

的福利。扬州注重对城市公园的合理布局和规划，保证公园布局均衡，使广大人民群众能就近、快速地进入公园。既有人均面积，又有人均到达时间，以时间来度量使用便利度，提高公园绿地服务设施布局的合理性和科学性，同时提高公园的利用率和城市居民使用的公平性。

扬州的公园体系建设，遵循“以城为主、城乡联动”的原则，实现城乡一体化发展。一方面，城市公园体系由大型综合中心公园、社区公园和口袋公园构成，大、中、小合理搭配。在大型公园的建设上，扬州秉持在新区规划中“公园先行”的理念，先建大型公园，将大型公园作为新区发展的核心，以大型公园带动和引领新区发展。在社区公园的建设上，布局数量众多的社区公园，位置上尽量靠近居民生活区，以方便周边的居民；功能上力求复合，让不同人群的不同需要都能够得到有效满足。在口袋公园的建设上，充分利用城区建筑的边角料地块，加大改造力度，大量增加公园数量，广泛配置公园基础设施，让小公园发挥大作用。大中小规模的公园合理搭配，形成一个完整的公园体系。各县城和各乡镇，也按照主城区的标准同步推进公园体系建设。

另一方面，在广袤的农村，每个村都建成一个“五个一”文体活动广场（即一片300平方米的水泥或橡胶平地、一个四向篮球架、一盏太阳能灯、10米长椅或长凳和至少10棵大树的配套绿化）。“五个一”健身广场作为公园体系建设的配套工程、延伸工程，弥补了城乡体育设施的差距，村民在家门口也有了“走得进、用得上、生态佳、设施全”的锻炼健身场所，逐步形成均衡覆盖的城乡公园体系。截至2018年9月，扬州市域共新改扩建各类生态体育公园355个、农村“五个一”文体活动广场超过1000个。

廖家沟城市中央公园

扬州市中心城区公园分布图（截至 2018 年 6 月 30 日）

目前，扬州正围绕建设美丽宜居的公园城市，以举办江苏省第十九届运动会、第十届园艺博览会为契机，进一步加快推进公园城市建设步伐。根据《扬州市公园体系发展与保护专项规划》明确的近期建设规划，至 2025 年，扬州中心城区将再建成公园 48 个（总量达 251 个），公园总面积将达到近 22 平方公里。

◎新区开发『公园+』

◎旧城双修『+公园』

◎古城改造『+口袋公园』

四 “公园+”和“+公园”

中国城市化发展到今天，我们完全可以找到一条既符合国情，又普遍适用的发展路径，或是新的城市化发展阶段的城市发展范式，那就是“公园+”和“+公园”。

建设公园城市，对于中国城市高质量发展有着极其重要的意义。那么，如何根据我们的国情、市情，打造具有中国特色的公园城市呢？

城市发展是一个历史进程。每个时期的城市规划建设都是建立在前人打下的基础之上的，不可能在一张白纸上进行，更不可能将已有的城市格局全部推倒重来。即使是开发一个新区，也是立足于城市原有的发展基础上拓展延续而来。所谓的"新"与"旧"，都是相对而言的。规划建设一座城市首先要看城市固有的禀赋、自然条件允许建一个什么样的城市。不同的城市有不同的自然特征，其规划和建设也应各有特色。

经过40年的快速发展，中国城市的面貌和格局发生了巨大的变化，但同时也出现了城市建筑过于密集、城市格局固化和缺少公共活动空间的问题，在特大城市，这些问题更加严重。今天我们搞城市规划和建设，都会面临这样几个问题：新城如何开发？旧城如何改造？古城如何保护？

我们认为，可以找到一条既符合国情，又普遍适用的发展路径，或是新的城市化发展阶段的城市发展模式，那就是"公园+"和"+公园"。

新区开发"公园+"

现在的很多城市都会建设一些规模较大的新区，这些新区或是由原来的老城区整体拆除重建，或是在离市中心较远的地方规划建设。在规划建设这类新区时，采取的办法可以是"公园+"，具体地

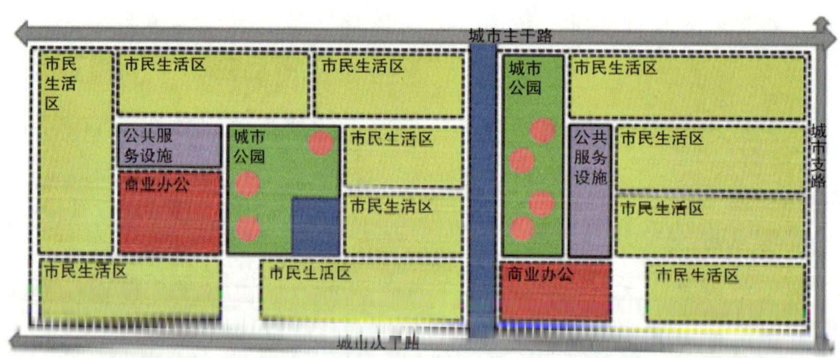

城市新区采用“公园+”的布局模式

说，就是在“七通”后，先在中心区域规划建设生态体育休闲公园，然后在其周边布局邻里中心、幼儿园、学校等，然后布局居民住宅，形成“公共空间+公共服务+居民住宅”的布局和建设时序。

新区开发“公园+”的理念和做法，其实就是把新区作为整体来规划，建成一个放大的四合院，公园就是这个四合院的院落，或是南方民居的天井。这个理念是中国传统规划建设思想的现代模式。在着手进行新区规划时，首先考虑的不是商品房的安排分布，而是中心公园的选址。这样做的目的，就是要以大型城市公园为核心，“以园聚人”，进而推动“围园而居”“围园而创”，带动城市新区的发展。“建城先建核”，这个“核”就是公园。

纽约的中央公园是“公园+”的代表。当年中央公园所在区域是纽约市的郊区，后来先规划建设了公园，然后在周边布置图书馆、博物馆等公共服务设施，然后才有商务楼宇、公寓等。我们常常说，纽约舍得在寸土寸金的地方建面积达三平方公里的大型中央公园，其实，原来那儿是废地，是先建了公园、后盖了房子，那片地块才变得寸土寸金的。

开发新区时，要先把公园建好。这样做最明显的好处，就是下一步的住宅和所有配套设施的建设，都必须以公园为中心。这就像是家庭装潢一样，总是先考虑客厅，确定整体风格以及家具的选用、色彩的搭配等，然后才考虑卧室、厨房、卫生间等。新区的公园建好了，周边的住宅怎么建，心里就有底了。这样做不仅符合中国传统文化，也便于城市布局，便于形成清晰的城市组团，而且有利于提高城市土地利用率。

这种做法和英国人霍华德“明日的田园城市”理念相似、方式相反。霍华德主张将城市建在乡野中，每座城市的规模不超过三万人，外面建绿地和各种配套服务设施，城市之间以道路联通起来，形成区域化的城市组团。

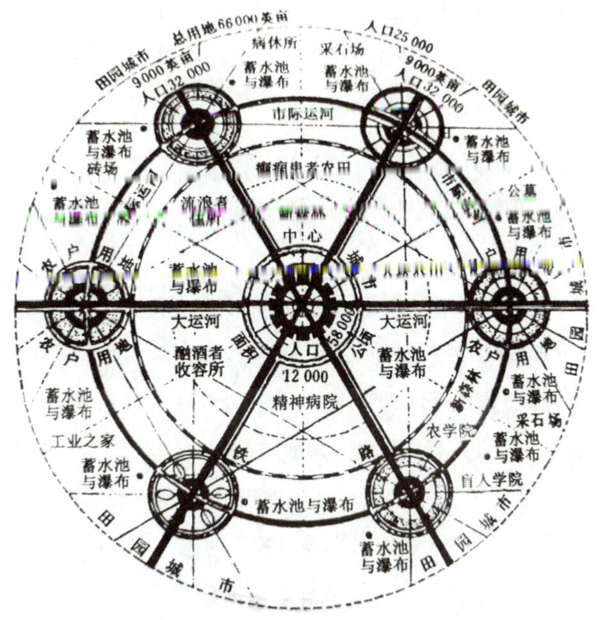

霍华德“明日的田园城市”示意图，见吴良镛编《人居环境科学导论》，中国建筑工业出版社 2001 年版，第 9 页

多年来，我们新区开发的常规路径，是先拆迁，后“七通一平”，然后建基础设施，再分块出让。为加快出让、提高效益，常常是联动开发，边建道路，边出让土地，用土地出让金来建公用设施，最后才把一些边角地和不宜建设开发的地块作为城市公园用地。这样一来，城市公园往往偏于一隅，难以与住宅小区融成一个有机的整体，而且规模较小，地形不规整，设施也不齐全，居民对这样的公园缺少兴趣，无序建设的公园在很大程度上成了一种摆设。

“公园+”规划理念，实际上顺应了人们选房、购房观念的变化。过去，人们在选房、购房时，首先考虑的是地点，总是喜欢市中心的住宅区，或者是离自己工作单位近的小区，图的是生活方便。现在人们对于居住环境的要求变高了，加之交通条件改善了，许多家庭都有了私家车，所以在选房、购房时，更注重小区的内、外部环境。如果小区附近有大型的城市公园，或是临湖近山傍林，这样的房源往往就很抢手，房价升值也快。

案例·西安曲江池遗址公园

曲江池，兴于秦汉，盛于隋唐，历时千年，是中国古代风景园林之经典。秦代曲江，一片天然池沼，称为隑洲，建有著名离宫——宜春宫。汉武帝时因其水波浩渺，池岸曲折，“形似广陵之江”，取名“曲江”。[1]唐代大规模营建曲江，曲江池成为水域千亩、名冠京华的游赏胜地。

2002年，西安市启动核心区域面积51.5平方公里、以文旅产业为主的曲江新区建设，决定先期恢复建设曲江池遗址公园，并由著名建筑大师张锦秋担纲设计。2008年7月1日，西安曲江池遗址公园正

1 田曼：《文学视野下的陕西园林艺术研究》，西安建筑科技大学学位论文，2014年。

西安曲江池遗址公园

式对游人免费开放。公园北接大唐芙蓉园，南至秦二世陵遗址，占地面积1500亩。公园设计从遗址的保护性开发、城市功能配套和生态环境建设的角度出发，再现了曲江南湖、曲江流饮、汉武泉、宜春苑、凤凰池等历史文化景观。在这里还能看到秦腔、皮影戏的表演，也能看到凤翔泥塑的陈列，还有一栋小型博物馆，展示着考古发掘所发现的曲江遗址文物，见证了曲江两千多年的盛衰。公园周边的建筑以关中民居风格为主，从低到高梯次布置，共享着公园美丽的风光。曲江池遗址公园和大雁塔北广场、大唐芙蓉园等项目一起，拉开了曲江新区的建设框架，为构建集生态环境重建、古代文化展示、观光休闲娱乐、现代商务会展等功能为一体的综合性城市新区打下了坚实的基础。

案例：明月湖公园

明月湖公园位于扬州西区，这一带过去在人们眼里属于“偏远地区”，处于城市的边缘。2001年国务院通过宁启铁路项目建议书，明确设立扬州站，2003年在此开工建设扬州火车站；2005年扬州开发西区新城，先行利用原有河道开挖了明月湖引蓄山洪，相应建设中心景观，并在周边布局了双博馆、图书馆、文艺中心、体育中心、会

明月湖公园平面图

明月湖新貌

成中心等公共服务设施，引进了京华城生活广场等大型商业综合体，后又新建了纯公用性质的大剧院、科技综合体、宾馆群和城市西部交通枢纽。2017 年，扬州市对明月湖周边进行公园化改造，由景观为主向生态公共活动空间为主转变，引种乔木，增建环湖健身步道、自行车道，增添笼式足球场、篮球场、网球场等体育运动设施和儿童游乐场，并与西边体育公园连通，形成面积更大的“文起来、动起来、乐起来”的综合空间。过去十多年是扬州城市化发展最快的时期，这个区域是城市化“风口”期扬州建成的最大新区，聚集的人口比较多，明月湖的使用率比较高。现在，明月湖公园区域已成为扬州西区较为完善的 CEAD（中央生态活动区），社会效应十分突出。

案例：廖家沟城市中央公园

廖家沟位于扬州市广陵区和江都区交汇处，是淮河入江水道最为重要的节制闸——扬州万福闸的下游河道，河面平均宽 80 米，最宽的地方有 1000 多米。2011 年江都撤市建区后，江广融合区成为扬州的地理中心，扬州决定在此建设新的城市中心，规划用 20 年时

廖家沟城市中央公园总平面图

廖家沟大桥公园规划图

间、开发 20 平方公里、集聚 20 万人口。为了高起点建设好未来的城市中心，扬州坚持生态保护优先、环境营造先行，按照打造与瘦西湖相呼应、与纽约中央公园相对照的世界级公园的要求，充分利用廖家沟得天独厚的自然资源，以融生态涵养、文化传承、观光休闲、市民互动为一体的思路，因地制宜打造一个亲近自然的滨水绿色廊道、生态宜游的城市中央公园和绚丽多彩的市民休闲乐园。公园规划总面积 10.7 平方公里，其中陆域面积约 4.9 平方公里，水域面积约 5.8

平方公里。这个大型城区中央公园既有可观的面积，又顺应自然，充分利用现有的水道和两岸资源，同时又整体规划，在新区全面启动建设前先行规划，建设一步到位。这里不仅是城市中心的“绿肺”和东部城市通风廊道，也是扬州高铁站所在地，是城市的门户和门面，同时也是扬州未来最大的供市民享用的中央生态活动区。

廖家沟城市中央公园

廖家沟生态美如画

旧城双修“+ 公园”

许多城市不见得有古城，但一般都会有旧城区。旧城区是新中国成立后建设的居民住宅区和商业街区。与古城区相比，旧城区的建筑、街巷没有什么文物保护价值，因此不存在保护问题。但是旧城区也有一些自身的特点。

第一，旧城区最主要的特征是有许多“城中村”。有些地方原来是农村的庄台，后来周边建了许多职工宿舍，再后来又建成许多住宅小区，形成了“村外是城、城中有村”的情况。

第二，旧城区是在中国城市化快速发展之前建设的。相比城市新区，旧城区的空间尺度比较小，建筑密度高，街巷狭窄，原有的水电气等公共设施已经陈旧老化，安全隐患较大。

第三，旧城区配套服务设施差。在城市化快速发展的过程中，城市发展的重点主要是在旧城区的外围以及城市新区，对于旧城区的更新改造普遍不够重视，这就造成了不少积重难返的问题。旧城区原有的公园不仅数量很少、服务半径小，而且由于年代久远，维护滞后，设施陈旧，功能单一，植物绿化简单粗糙，开放性较差，因而附近的居民使用积极性不高，这也变相造成了公共资源的浪费。

第四，旧城区可供开发的建设用地很少，所以更新改造的难度很大。目前尚不可能对旧城区进行彻底的更新改造，只能采取渐进式的改造出新。有些急需弥补欠账的公共服务设施，虽然政府有心去做，但往往无地可“落”。

友谊新村

工人新村

旧城区的改造，首先是要下决心进行“城中村”的拆迁。“城中村”有大有小，拆迁后要开发的建设用地有大有小，大的“城中村”可以就地资金平衡，小地块难以做到。我们的做法是对包含“城中村”及周边的整个地块推进整体改造，尽最大可能实现这些地块的资金平衡。对一些特别小的“城中村”，以行政区为单位，从其他有拆迁开发资金收益的地块补贴小“城中村”的拆迁费用，以这种方式，可以迅速拆除“城中村”。

“城中村”拆除之后怎么办？旧城区改造的路径就是“双修”，即生态修复、城市修补。生态修复首先要在旧城区适当改造和增加社区公园，通过规划设计、新增设施、后期维护等措施，增加公园数量，提升公园品质。也可以将旧城区原有的景观、空地充分利用起来，打造成全新的、满足老百姓需要的社区公园，这样不仅改善了老城区的环境，也有助于提升居民幸福指数。

旧城区改造有一个很大的难题，就是有的“城中村”本来就小，一建公园，整个地块一分钱也卖不到。我们的做法是，不能仅考虑“城中村”改造效益，而是要考虑周边地块老百姓的整体需求。如果这个区块没有公园，“城中村”拆除后，整个“城中村”都改为公园。虽然这个“城中村”拆迁要花钱，但受益的是周边百姓，提升的是整个城市的品质。拆迁"城中村"所需资金应当从全市来平衡。这样，通过一点一点努力，旧城区就可以普遍建成社区公园。

扬州东南片区是建设于上世纪六七十年代的最早的工业区和城市"新区"，数十年来，这里成了"脏、乱、差、杂、洼"的地区。为了加快东南片区更新改造力度，扬州提出路网、水网、绿网"三网同构，搭建骨架"的总体提升策略，完善交通路网，整治片区内部河道，建设以"四廊九园"（即沿古运河、京杭大运河等四条生态廊道和三湾公园、七里河公园、曲江公园等九座公园）为代表的公园体系，努力把东南片区改造成为全国"城市双修"的样本。特别是我们把七里河公园建设作为东南片区改造的先导工程。七里河公园规划面积约300亩，位于东南片区中心地带。之所以把七里河公园作为先导工程，一是从片区的中心区域改起，先啃硬骨头，表明市委市政府的决心；二是从生态和民生工程抓起，是"双修"的出发点，能统一思想，赢得附近居民支持；三是中心先改造好，先建公园，让大家看到改造的希望，增强信心，也能提高周边的土地价值预期；四是处于中心位置

七里河公园规划图

七里河公园实景图

的七里河公园建成后，周边复杂的城市改造的许多难题一目了然，可以分割、分别解决，有利于加快工程推进速度。

传统的公园都建在地面上，但是纽约的高线公园却利用一条已经废弃的铁路货运专用线，建成了独具特色的空中花园走廊，为纽约赢得了巨大的社会经济效益，成为国际设计和旧物重建的典范。这方面我们也做了大胆的尝试。扬州原来有一处垃圾填埋场，环境质量很差，谁都不愿意靠近，附近的居民也时常抱怨，我们通过对周边环境进行生态修复、综合利用，将原有垃圾填埋场建设成占地200多亩的“花都汇”生态公园，现在已经成为扬州市区一处新的永久性“绿色资产”。

案例：纽约高线公园

纽约高线公园是位于曼哈顿中城西侧的线性空中花园。“高线”建于1930年代，原是一条连接肉类加工区和三十四街的哈德逊港口的高架货运专用铁路，于1980年废弃。2003年，纽约市对高线进行园艺、工程、安全、维修、公共艺术等方面的全面打造，将这条高架线改造成了一块“漂浮在曼哈顿空中的绿毯”。

纽约高线公园俯瞰图

如今，纽约高线公园每年接待游客超过400万人次，纽约人和游客各占一半，[1]成为市内单位面积内访客人数最多的景点之一。

1 陶峰等：《植·筑之间——浅析纽约高线公园的重生与反思》，载《赤峰学院学报（自然科学版）》2013年第17期。

纽约高线公园近景

案例：“花都汇”生态公园

花都汇，坐落于扬州蜀冈—瘦西湖风景名胜区内，总面积500亩，建筑面积约为 30 万平方米。

以前，这里曾是扬州的砖瓦场、垃圾填埋场，[illegible]度垃圾遍野、臭气熏天，晴天灰尘满天、雨天污水横流，是居民眼里的“黑山臭水”。2015 年，扬州启动此地块的生态修复及专业化改造工程，在此地块建设公园，2016 年 4 月，“花都汇”正式开园，至今已接待游客超过 00 万人次。

从昔日垃圾场到今朝生态公园的华丽转变，“花都汇”的脱胎换骨为当下解决城市环境问题提供了一个成功的样板。

生态修复——“毒”地块焕发“新生机”。项目所在地常年累积的垃圾山产生了废气、渗滤液等有害物质，通过生态修复、公园化改造，将这个自我修复能力退化、有“毒”的工业棕地，打造成为了一个有生命、有活力、可以自我维持并不断完善的自然景观。

转化利用——老场地赋予“新动能”。最大程度保留现有的废弃厂房、仓库，通过安全结构加固、外立面包装改造，将废弃的厂房变成具有现代气息的场馆；将废弃的工业设施作为公园工业景观小品，放置在花都汇的各个主入口。一系列的设计手法，珍藏人们对历史的记忆，延续了场所文化。

功能叠加——城市公园有“新内涵”。除了具有体育休闲健身功能外，花都汇着重突出特色园艺、花鸟艺术等体验，规划集特色花鸟艺术街、旅游休闲商业区、综合休闲游乐区、特色园艺体验馆、区

花都汇生态公园全景

花都汇近景

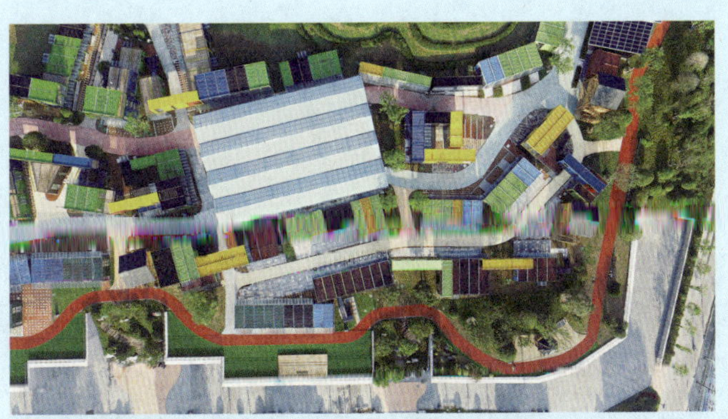

具有现代气息的场馆

花都汇滑草场

级休闲公园区等五大主体功能为一体的国家4A级园艺艺术休闲景区。公园内围绕“花”主题，整合花鸟、藏品、盆景等资源，形成集展示销售、技术推广、艺术沙龙于一体的综合体。

目前，公园南门西侧的山坡被打造成了滑草场，每逢周末这里就成了孩子们的天堂。全长1公里的环形健身步道和西部草地上的运动设施一道成为周边居民健身休闲的好去处。

案例：上海闸北区中兴绿地

上海闸北区中兴绿地位于中兴路社区中心，改造前，这里基本是棚户区，周边为高密度居民区，方圆几公里内缺少城市开放空间和公共绿地。2006年，闸北区政府启动地块改造工程，通过建设公园，为高密度居住区增加稀缺的景观开放空间和社区休闲空间。目前，中兴绿地公园已初具规模，占地面积约为4万平方米。

由于公园与周边居住区道路尺度相对较小，在公园两侧设置了3米宽的步行道，在局部布置现代艺术雕塑，栽种了玉兰、银杏等高大乔木，为人们营造了浪漫的景观环境。

公园配备了较齐全的居民健身休闲设施，设置了各类体育锻炼健身器材、750米的健身步道、篮球场、休憩景观木架和数十个木椅等基本设施，为社区居民提供了邻里交往空间，承担了社区休闲中心的功能。

由于中兴绿地公园临近地铁站，公园创造性地开发了地下一层、二层空间，地上空间满足社区绿化和居民休憩、游览需求，地下一层空间规划为社区商业广场，地下二层设置为公共停车场，满足商业配套和居民生活要求。空间的高效利用让公园更好地为打造城市环境和增强城市功能服务。

在公园公共开放空间和沿街界面，设计了雕塑、艺术灯具和艺术喷泉等街头景观，设置了三处公共艺术雕塑，营造了现代公共艺术氛围，也展示了城市社区的生活品质。

中兴绿地改造为公园后，极大地改善了周边地区居住环境，为社区居民提供了必要的社会交往公共空间，取得了极好的社会效益。

古城改造“+口袋公园”

巴黎古城宜居不宜居？对大多数人来说，听到这个问题会很奇怪。我在巴黎考察时，遇到一位居住在巴黎古城区的华人，我感慨道：“巴黎多漂亮，多有文化呀！”他说：“巴黎虽然外表漂亮，但我们住在古城里，没有阳光，不能晒衣服，房子不规则，又不通风，一点都不宜居！”我当时很惊讶！都说巴黎是世界城市规划和古城保护的典范，怎么会不宜居呢？后来，我与法国一位著名的规划设计师交流，问他巴黎古城宜居不宜居，他耸耸肩回答我：“我们住在博物馆里！”见我不解，他又解释说：“住在巴黎古城，确

巴黎呈放射状的街道

圣彼得堡古城较为宽敞的街巷

实处处是文化的熏陶，你们作为游客住一两天觉得新鲜，但天天住，古城里的房子确实不舒服。”

这件事让我深有感触。大凡历史文化名城，无论是欧洲的巴黎古城、布拉格古城、斯德哥尔摩古城，还是中国的西安古城、杭州古城、苏州古城、扬州古城，都是前人留给我们的宝贵遗产。历史文化名城保护是城市的永恒话题，也是一个世界性难题。

古城保护的最大问题是街巷狭窄，汽车进不去，许多古城至今没有污水管网，不能用抽水马桶，不能满足现代生活的需求。

巴黎古城的房子不宜居，但是古城里错落着许多公共空间，比如一些小的咖啡馆，城市内部也有许多大大小小的公园。这和当年奥斯曼的巴黎改造规划有关。奥斯曼的成功之处是注意到了公共空间的建设，失败之处就是过分强调城市建设的规则性，放射状的道路和住房建设造成了图纸上很震憾，街上走很好看，但住在房间里通风不好，阳光不好，房间也不规整。从现代生活的角度来看，巴黎古城并不宜居。

符合现代生活需要的一个古城案例是圣彼得堡。当年彼得大帝在规划建设圣彼得堡古城时，很有远见，他把道路设计得很宽，可以通马车，即使是现在，汽车也能开进去。

1. 扬州古城改造的难题

扬州 5.09 平方公里的明清古城是中国东部沿海地区保存最为完整的古城之一。东关街是全国古街改造成功的典范。居住在古城区的居民有 10 万人左右。古城区的住宅已经很破旧了，和新区相比，生活设施也很落后，只是由于这里有几所扬州最好的小学，所以还经常有一些新的住户搬迁进来。除了东关街等几条商业街和经过改造的文昌路、国庆路外，还有相当多的区域，现在只能作为历史文化街区保存着。目前，居住在古城里的人，有一部分是对自己的老宅子、老院子有深厚感情的人，即使子女在新区买了房子他们也不愿搬出去，而是习惯于在老街巷、老房子里同老邻居们谈天说地，早上到茶馆去坐坐，下午到老浴室去泡泡，享受老扬州“早上皮包水，晚上水包皮”的惬意生活。另外还有相当一部分人是相对不富裕的人、老年人以及外来人口。在扬州建设城市公园的历程中，如何保护和利用好古城，如何改善古城区居民的生活环境和生活质量，一直是城市规划建设的一个难点。

对于有一定面积的古城保护与利用，往往有两种极端意见：一

部分人主张大拆大建；另一部分人则是理想主义盛行，主张原封不动地保护。前一部分人主要是官员，大多是从改善古城居民生活条件和城市建设的操作性与经济性考虑；后一部分人主要是学者，大多是从历史文化保护与研究的角度来考虑的。

要处理好古城保护问题，我们首先应当还原古代城池产生的原因。《吴越春秋》里讲："筑城以卫君，造廓以守民，此城廓之始也。"城墙在古代实际上是一种防御工事，以防御入侵、保障安全为目的，本来并不是一个为历史文化而建的工程。我们看"国"这个字，古代有邦国、国都的含义。这个字的繁体是"國"，外面的方框表示围墙，里面的"或"字表示疆域，"戈"字表示用武器防御。外国许多古城堡也是如此。现在，城墙的防御功能没有了，只剩下研究价值，缺少使用价值。当然，作为一种历史记忆，它还具有一定的文物价值。现在有的城市把城墙恢复起来，以展示古城风貌，这未尝不可。但是，中国有这么多历史文化名城，如果全部恢复古城墙，不仅投入大，而且从使用功能上来说也没有这个必要。古城区的保护也如此，如果片面强调古建筑的文物价值，主张原封不动地保护，甚至搞出一些"假古董"，不仅没有什么文化价值，而且会造成资源的极大浪费。

第二，在古代，人们的出行方式是步行、乘轿和骑马，因此古城区的街巷一般比较狭窄。这些街巷现在通不了汽车，年轻人也不愿意在古城里面居住。实际上，居住在古城，还会有种种生活上的不便。如果有人生病了，救护车进不来；一旦发生火灾，消防车也进不来——这都是极大的安全隐患。本来古城就不是为现代生活设计的，现代城市的救护系统无法进入，这是一个无法解决的问题。所以，从居住的角度讲，古城区的确无法适应现代生活的需要。

◀扬州市老城区航拍图

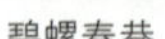

碧螺春巷

扬州小巷

蒋家桥

薛家巷

剪刀巷

大武城巷

得胜桥

第三，古人当初规划建设古城时，由于城墙围合的面积本来就有限，房屋普遍建得比较密集，加之限于原有的建筑技术水平，民居大多是平房，不少房屋既不通风，光照也差，梅雨季节衣服全都会发霉，一到夏天闷热难当，夜里睡觉还会有老鼠出没。古城区里的生活状况，与现代化楼房里的生活不可同日而语。

第四，古城区缺少现代卫生设施。过去，古城区解决便溺和生活污水问题，一般都是挖地窖子，这种地窖子又大又深，居民所有的便溺和生活污水都排到地窖子里，让它们自然往地里渗透。以前古城区的居民家中都有马桶，每天都有拉粪车到家门口来收集粪便，居民每天早上都要定时定点倒马桶。现在要改造古城区，让居民能在家中安上坐便器，地下管网就必须重新铺设。因为自来水是有压力的，污水管网却没有压力，只能从高到低流淌，管道只能一节一

古城东关街历史街区

节地铺排，一级一级地提抽。这样一来，要完成这项工程，古城区的街巷基本上就要全部扒开，而且沿街的建筑也要拆除，这样做不仅代价很高，而且会破坏古城建筑。现在许多城市只保留 1–2 个历史古街，周边布局现代建筑，这样可以沿古街两边新建地下管网，但成片的大面积古城要想完善现代卫生设施，十分困难。

2. 古城保护 + 口袋公园

古城复兴是个复杂的课题，既要有文化复兴，又要有经济复兴，还要有社会关系的复兴，但前提是建筑复兴，包括建筑修缮、现代生活功能的配备和现代社会公共空间的营造。对于有较大规模的古城来

石塔寺对面口袋公园

珍园北口袋公园

说，保护与复兴要从根本上解决问题，必须得解决汽车能开得进去、污水能排得出来这两个最基本的现代生活问题。

在地面古城保护利用上，大拆大建不负责，全部原样保护既不可能也不科学。比较稳妥、可行的办法是，小地块、渐进式，逐步改善，先从最基本、最急迫的事情做起。当务之急是确保满足安全需要。古城区里一些破废的地方，可以把它拆掉；如果原来就有一些空出来的小块地方，可以充分加以利用，先把它变成口袋公园，使之成为古城区的“气眼”。为了加强对古城区的保护，可以考虑围绕古井、古树来建口袋公园，因为古井、古树和古街巷、老宅子一样，都是属于古城区的核心价值资源。在古城区建这种小型的口袋公园，不仅可以改善居民的生活质量，供人们休憩娱乐，更重要的是，它还具有保障安全的功能。

案例：巴黎重生

世界上最著名的古城改造“+ 公园”案例当推巴黎，史蒂芬·柯克兰形象地称之为“巴黎的重生”。19 世纪的巴黎以脏乱、拥挤、危险著称，但是在短短的22年内，巴黎完成了现代史上最伟大的改造，转身成为世界之都，也奠定了今日巴黎在世界城市中的领先地位。

19 世纪中期是法国快速发展的时期，经济增长迅速，城市化进程日益加快，仅巴黎市的人口就已接近 100 万人，其中有很多人是从法国最穷的地区搬迁过来的，这些人大多居住在巴黎北部和东部，形成工人阶级新社区，也带来了诸如非法生育、犯罪和暴乱等新的社会问题，贫穷、疾病、精神失常和治安等问题也亟待解决。为此，第二帝国当政者拿破仑三世意识到，公园在改善工人阶级健康和道德品行方面将发挥至关重要的作用。为此，他致力修建工人阶级的布洛涅森林公园、樊尚公园等，同时建设类似于“广场”的小型公园（即本书所指的“口袋公园”）。

贝隆·乔治·尤金·奥斯曼是该计划的负责人，他组织拆除了危害健康和阻碍城市化的建筑，建立了全新的街道、广场、公园和开放空间。奥斯曼"+ 公园"改造主要有四个方面：一是把两大块皇家土地改造成大型区级公园；二是建造 3 个区级公园；三是建造 24 个广场形成社区公园；四是以林荫道网络将这些场所连接起来。这些公园成为巴黎的"城市之肺"。奥斯曼在他的回忆录中特别强调，"公园对城市居民的健康非常重要，在公园里市民可以享受到充分的阳光、新鲜的空气与开敞的空间"。

1852 至 1870 年之间，在奥斯曼策划下的改造工程让巴黎"改头换面"，从一个布满小巷、形状不规则、陈旧的中世纪小城，改造成了一个街道宽阔豪华、空间疏落有致的工业革命时代的现代都市，巴黎的面积增加了 100%，人口增加了 1 倍。[1]

公园为巴黎有序发展提供了框架，减少了城市拥堵，更为居民提供了休闲娱乐场所。

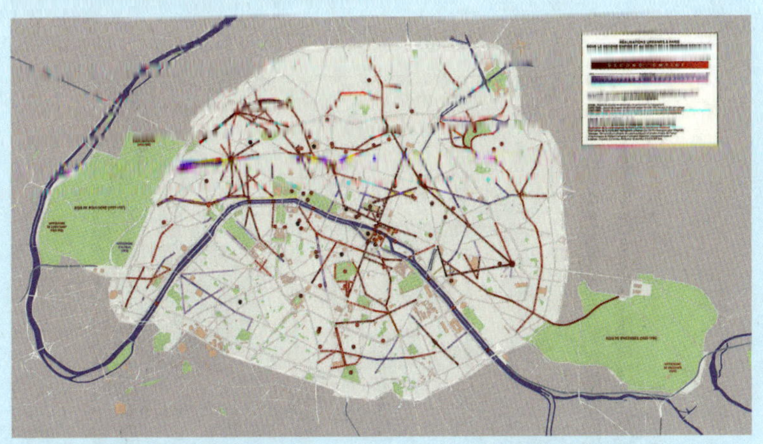

奥斯曼改建下的巴黎城市绿地系统规划图

1 曾刚、王琛：《巴黎地区的发展与规划》，载《国外城市规划》2004 年第 5 期。

链接：口袋公园

佩雷公园园景

口袋公园也称袖珍公园，指规模很小的城市开放空间，在有的国家，口袋公园又被称为迷你公园、绿出公园、袖珍公园、邮票公园、贴身公园等，面积多在 1 万平方米以下。从空中看，口袋公园呈斑块状，散落或隐藏在城市结构中，为附近的居民服务。[1] 城市中的各种小型绿地、小公园、街心花园、社区小型运动场所等都是市民身边常见的口袋公园。

佩雷公园

1 刘音：《浅探城市口袋公园设计》，载《福建质量管理》2016 年第 19 期。

世界上第一个口袋公园为美国的佩雷公园。这座公园虽然面积仅有390平方米，却为喧哗的都市提供了一个安静的城市绿洲。佩雷公园在规模和功能上很好地顺应了曼哈顿的条件。佩雷公园虽然袖珍，影响却很大，可以说，它具有与纽约中央公园一样重要的意义，社会效益巨大。据粗略估算，纽约中央公园每1平方米的土地每年接待4人，而佩雷公园达到了惊人的每年128人/平方米。[1]

案例：扬中院士广场和阮元广场

扬中院士广场位于扬州淮海路东侧、扬州中学对面，是利用原扬州市规划局的大院及拆除部分办公用房后建成，占地面积1605平方米，园内设置了院士浮雕墙、院士圆雕，再现胡乔木、吴良镛、吴征镒、黄纬禄等49位院士的形象。

阮元广场位于扬州广陵区毓贤街两侧、阮元家庙南面，占地面积约467平方米，园内有"竹林茶隐"牌匾和"阮元广场"造型石，墙上设计了"竹林茶隐"景象的砖雕画，还有一座仿古凉亭，上挂有阮元的"清风"牌匾和楹联，旁边植有一株紫薇花树。扬中院士广场和阮元广场都是爱国主义教育基地，也是古城内居民休闲游憩的场所。

1 文佳等：《基于"口袋公园"概念下的昆明小型绿地设计模式研究》，载《中国市场》2014年第51期。

案例：国贸公园

扬州文昌西路东方医院旁边的口袋公园也叫国贸公园，过去仅仅是一个接近废弃的网球场，设施残破，影响环境。通过公园化的改造，小小区域内一草一木布局都十分用心，四面篮球架、健身器械和健身步道一应俱全，更重要的是，它就在居民小区旁边。在扬州，像国贸公园这样的"口袋公园"还有很多，这些"口袋公园"就建在市民家门口，虽然占地面积小，但每一个都小巧精致、环境优美、设施齐全，很受市民欢迎。如今，闲暇时间来家门口的口袋公园锻炼，已经成为很多市民日常的习惯。

国贸公园实景图

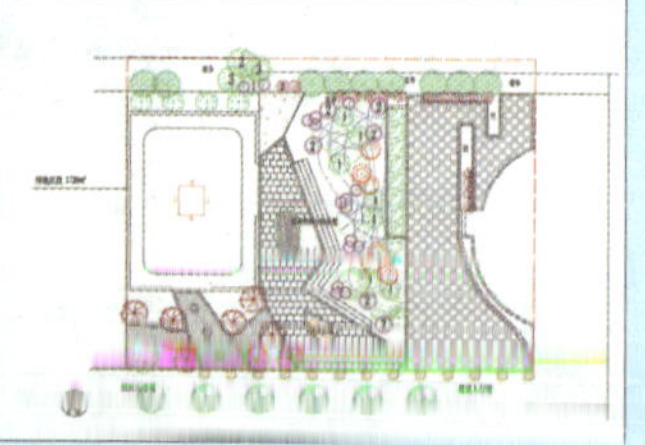
国贸公园平面图

国贸公园景观绿化设计图

◎公园是城市核心价值资源和战略性资源的保护者
◎公园是城市最大的『海绵』
◎公园是城市格局的『绿色铆钉』
◎公园是城市的『颜值担当』
◎公园促进城市二次增长
◎公园是社会的稳定器
◎公园改变一座城，塑造一城人

五 公园与城市价值

只有拥有城市公园保护城市核心价值资源，才能塑造城市鲜明的特色。城市的核心价值彰显出来了，这就是一座城市的特色，何必人为地打造什么城市特色呢？

在改善民生、提升市民生活质量和幸福指数方面，城市公园的价值是有目共睹的。在城市的现代化发展中，公园对城市价值的提升也在发挥着越来越大的作用。公园涵养地区生态功能、提升城市价值品质、塑造城市鲜明特色、增加城市颜值、锚固城市形态，已成为现代大中小城市必不可少的公共基础设施，成为现代城市居民生活不可或缺的组成部分。

公园是城市核心价值资源和战略性资源的保护者

每个城市都有自己独特的资源禀赋，包括自然形成的地形地貌，山川、河流、湖泊的分布，历史文化遗存的馈赠，这些就像是一座城市自带的基因，是其他城市无法比拟也无法复制的。我们的城市管理

风格雷同的现代城市

者如果都能意识到这一点，通过科学的规划，把这些宝贵的资源保护好，就是保存了城市最为独特的核心价值资源和战略性资源，就是塑造了城市最鲜明的特色，就是为后人留下了最为珍贵的记忆。

城市的核心价值资源和战略性资源首先是大海、湖泊、河流、滨水区域。无论是古代还是现代，中国还是其他国家，“临水而建、逐水而居”都是一个最好最美的选择。滨水区域对城市建设的价值是最大的。但滨水空间是供私人占有，或建封闭的住宅区让富户或一部分人独占，还是建开放开敞的公共空间？现代城市规划当然要把滨水空间作为公共空间，通过建设滨江公园、滨海公园，既保护了这些城市核心价值资源，又塑造了城市特色。如果不建公园、不建公共空间，这些黄金地带迟早会被商业开发侵占。

城市的另一个核心资源是山丘。在过去十几年城市新区的建设浪潮中，通行的做法是“七通一平”。“七通一平”指的是土地在通过一级开发后，使其达到具备给水、排水、通电、通路、通讯、通暖气、通天燃气或煤气以及场地平整的条件，使二级开发商可以进场后迅速开发建设。“七通”必不可少，“一平”值得研究。如果我们把城市土地都推平，把山炸掉，固然有利于快速建设，有利于土地出让，但与河流不同，一个山丘的形成是几亿年地质运动的结果，地形凸出的山丘也决定了周边的水系组成，把山丘炸掉，是对城市核心价值资源不可逆的伤害。我们完全可以在山丘周围建公园，把它保护起来，让它成为城市绿肺、公共活动空间，成为城市的永久财富。

文化遗产也是一个城市的核心价值资源。保护遗产、发挥遗产的作用，除了要保护维护好遗产点外，还要建立遗产缓冲区，就是在遗产点周边建设公园，既防止现代建设对遗产的可能伤害，又保护了遗产周边环境的原真性，把文化遗产转化为公共文化空间，更好地发挥遗产的作用。

规划区的中心区域也是一个城市的核心价值资源和战略性资源。一个城市、一个片区的中心肯定是一个城市价值最高的地方，把这个地方划出来建公共空间、建公园，不仅保护了这一核心价值，也带动了周边价值的提升，甚至提高了整个城市的价值。

实践证明，只有通过城市公园保护城市核心价值资源，才能塑造城市鲜明的特色。因为核心价值资源被保护起来了、彰显出来了，这就形成了一座城市的特色。纵观世界上的名城，塑造特色、打造经典，都是首先把城市的核心价值资源保护、凸显出来，围绕这些核心价值资源做规划、搞建设。对大自然鬼斧神工的敬畏、尊重与利用，是城市规划巧夺天工的前提、基础与保障。从这个认识去考虑城市规划，应当是先辨别、界定城市的核心价值资源，通过公园将其建设成为公共空间并将其保护起来，然后再考虑周边建设的区域和组团，考虑如何通过道路将各组团连接，如何建设水、电、气、管网等各项基础设施。**从这个意义上讲，不是我们人为地去规划建设一个什么样的城市，而是大自然允许我们去规划建设一个什么样的城市。城市特色除了建筑特色外，主要是城市形态，城市形态不是人为塑造的，而是自然天成的。**

现实的情况是，城市空间急需扩张的现实要求，与建设用地资源短缺的矛盾冲突，导致破坏城市核心价值资源的现象日益严重。在许多城市，成群成片的高楼大厦如雨后春笋一般，正不断蚕食着那些原本与山川河流自然脉络相互依存的人居环境，城市公共自然资源、开放空间正不断被侵蚀，有的甚至被侵占、被私有化。有的城市热衷于开发“江景房”“山景房”“湖景房”，由于凸显了江景、山景、湖景这些“大卖点”，房子卖得很火。问题是，这样一来，

江景房

山景房

湖景房

那些原本属于所有市民共同拥有的自然景观资源，成了少数人专享的私有财产。

位于云南大理市郊的洱海，是云南第二大淡水湖，因山水相依、风光迤逦而名扬天下，被称为“群山间的无瑕美玉”，是大理的核心价值资源。然而，随着当地旅游业的快速发展，洱海环线客栈、饭店逐年增多，不仅严重影响了洱海的自然风貌，而且对水体造成了污染。据《中国青年报》报道，2017年初，由于大量的生活污水排放，洱海部分水域集中爆发蓝藻，汇入其中的河道干涸。为了拯救洱海，大理州政府发布“洱海最严禁令”：将洱海海西、海北1966米界桩外延100米，洱海东北片区环海路临湖一侧和道路外侧路肩外延30米。将洱海主要入湖河道两侧各30米、其他湖泊周边50米以内范围，划定为洱海流域水生态保护区核心区，禁止新建建筑物，禁止新增客栈、餐饮酒店等经营场所。将主要入湖河流周边200米、洱海及重要湖库周边500米和城市建成区划定为规模化畜禽禁养区。通过大力整治，拆除违章建筑9万平方米，关停客栈、餐饮酒店2498家，在核心区及周边生态隔离带，共建成湿地19790亩。这些举措受到了当地居民欢迎，他们纷纷表示支持洱海保护，因为这是他们的母亲湖。

保护城市的核心价值资源，最好的办法是科学规划，未雨绸缪，先行保护。在扬州市广陵区和江都区之间，有一片叫“七河八岛”的区域。淮河入江水道的七条河流，将这里分割成八座岛屿，形成了“七河八岛”51.5 平方公里、十里长廊生态奇观，是一处国内罕见的生态自然湿地。2011 年，扬州部分行政区划调整后，江都撤市设区，这一带成为扬州城市的中心区域。一些开发商闻风而动，他们都看准了这块地方，因为这里将来是高铁站所在地，是城市市中心，而且环境很好，风景绝佳，如果能在这里开发高档商品房，肯定很抢手。

是追逐眼前利益，还是维护城市的整体利益和长远利益？我们坚持生态为先，保护为先，不是规划这儿要建设什么，而是先立法

“七河八岛”区位图

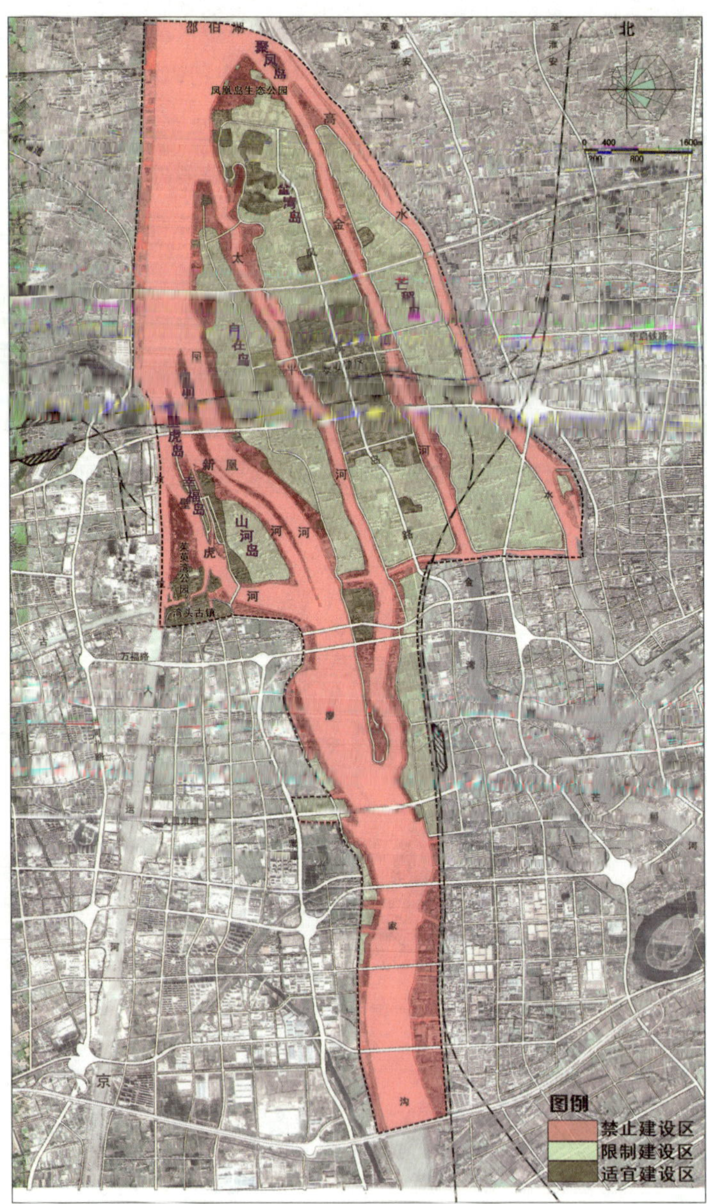

“七河八岛”适宜性分区图

确定这儿不能干什么，哪些地方不允许建设。2013 年 7 月，扬州以市人大常委会决议的形式，在“七河八岛”区域实施“四控一禁”，即控高（建筑高度）、控强（开发强度）、控宽（水体与廊道宽度）、控污（污染排放）、禁止新增违章建筑，对该区域进行严格保护。“四控一禁”的严格实施，对“七河八岛”这一城市核心资源起到了积极的保护作用。2013 至 2017 的五年内，在全国房地产市场持续升温的情势下，这一区域没有出让一宗土地，也没有大张旗鼓地搞开发建设，而是先后建成“生态之窗”体育休闲公园、跑鱼河文化公园、廖家沟城市中央公园等近 10 个城市公园，从而为未来中心城市绿色发展积累了一笔宝贵的财富。

这么多年，我们注意到这样一个现象：当一个地区提出兴建公园，基本上不会有人站出来反对，而当城市公园建成之后，人们又极少再将它恢复为建设用地或商业用地。公园，已成为政府能够为市民提供的最公平、最优质的公共产品，成为最受城市居民接纳和欢迎的公共空间。公园是一座城市的“绿色银行”、永恒资产，是城市的“传家宝”。公园既保护了城市的核心价值资源，同时它本身也成了城市的战略性资源。

案例：工业博物馆

麦粉厂位于扬州老城区便益门外古运河边，前身是 1906 年创办的高邮裕亨麦粉厂。1931 年，戴姓业主将厂从高邮迁至扬州，建砖木结构五层厂房一座，是当

上世纪 70 年代麦粉厂原貌

老麦粉厂周边环境现状

时扬州城第一高大建筑。2001年经过改造，其老厂房已成为江苏省首座以工业为主题的展览馆，结合古运河的美化、亮化，麦粉厂周边进行了公园化改造，景观效果大大提升，成为扬州城区古运河游览线的重要节点。

案例：三湾公园

三湾是扬州古运河上重要的水利工程遗存，位于千年古刹义峰寺与高旻寺之间。历史上这里地处沿江台地和漫滩地交汇处，古运河至此水流落差较大，交通事故频发。明万历二十五年（1597），扬州知府郭光复整治古运河，在此把原有100多米的河道舍直取弯后变成1700米，构成“几”字形，形成运河三湾，水流速度由此减缓近一半，有“三湾抵一坝（闸）”之说。

21世纪以来，随着三湾周边工厂的搬迁改造，以及古运河航运

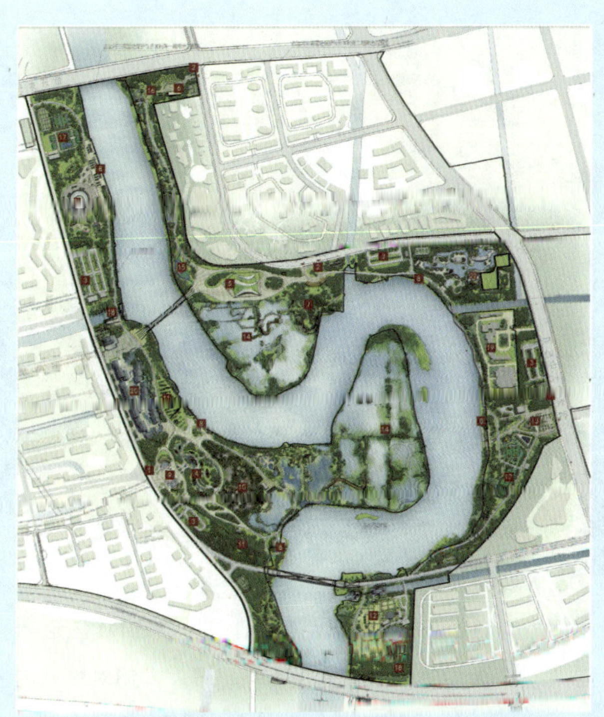

三湾公园一期工程总平面设计图

功能的式微，也曾有人提出将三湾河道截弯取直，这样可以获得近千亩的商业开发用地。为了保护这一重要的水工遗存，同时更好地提升周边群众的生活品质，经过反复比选论证，扬州市决定在此启动建设三湾公园，也即充分利用“公园＋”的效应，形成周边区域联动发展态势，构建城市南部片区开发的“核心引擎”。

2015 年 6 月，三湾公园正式开工建设。公园总占地面积约 3327.5 亩，其中核心区 1520 亩、拓展区 1807.5 亩，重点实施水系疏浚优化与运河驳岸改造、生态修复与保护、基础设施建设与景观提

三湾公园鸟瞰

升、公共服务与配套设施完善四大工程，总投资近60亿元。

生态保护：公园的建设首先是土地整理，人们对区域内古运河河段实施完整的保留，对区域内高污染企业实施关停，完成农户、居民拆迁641户，企业拆迁73户，清理运河自然岸线污泥18万多立方米，建设长达约2000米的运河边生态驳岸及近5000米的内部水域（湿地、景观水池）生态驳岸，使三湾公园成为城市南部生态廊道、绿色长廊和“绿肺”。同时，土地整理过程中对河塘清淤土方和建筑垃圾进行技术处理，原地取材、充分利用，堆叠成公园内的九龙冈和玉凤台，营造了公园内地形的起伏变化。建成漫樱园、琼花园、梅香园、水杉林、香橼林等多个主体景观林，园区绿化覆盖率达到83%，成为生物的百草园、鸟类的天堂。

文化彰显：公园建设在桥梁设计、文化雕塑等方面都尤其注重与城市文化相结合，利用历史元素，凸显城市记忆。公园借鉴了大量古典园林建设手法，从亭台廊榭阁的立意构思，到堆土叠石造型，从植被树种选择，到建筑小品点缀，都独具本土风格和扬州园林特色。在建筑物设计上，充分挖掘剪纸、古筝、诗词、漕运等扬州特有的文化元素，通过特定建筑符号在景观桥梁、文化雕塑、步道连廊中具体化、形象化的演绎，使公园更具鲜明的城市烙印。

休闲游憩：公园利用良好的生态、景观、绿地资源，同步建设了观鸟屋、观鸟廊、城市书房、儿童乐园、篮球场、笼式足球场、环形健身步道等配套设施。城市书房建筑面积362平方米，藏书18000多册，丰富多样的休闲设施和良好的学习条件为各个年龄段的市民营造了爱运动、爱阅读、爱生活的浓烈氛围。

景观美学：在三湾公园，既可以看到优美的城市天际线，又有区内制高点可以俯瞰整个公园，既展现区域特色，又与周边景观协调统一。市民游客可以在水上、陆上、空中等各个方位看到公园美景，达到了“园在城中、城在园中”的视觉效果。

三湾公园琴瑟桥

区域价值：三湾公园东侧是一个集公（廉）租房、解危房、危房、拆迁安置房以及商品房为一体的新型小区，有 8000 多户、近 30000 人，公园的建成让这部分人公平地享受到了城市发展带来的福利，为原本较为密集的居住小区带来了高品质的公共空间。三湾公园建成后，其西部的某住宅小区，平均销售单价从 8000 多元 / 平方米上涨到 1 万元 / 平方米，公园对区域的带动价值已经显现。

从 2018 年底三湾公园建成开放至今，三湾公园累计接待游客 150 余万人次。国家水利部授予三湾公园“古运河水利风景区”称号，亚洲城市发展中心邀请德国影视机构制作专题片，向国内外宣传公园的建设成果；公园区内健身步道入选“魅力江苏 · 2017 年最美跑步线路”；中国大运河博物馆也落户于此。三湾公园有望建设成为可以与扬州瘦西湖相呼应的又一永恒的城市经典。

剪影桥

遮阳连廊

服务设施

三湾公园一角

公园是城市最大的“海绵”

为什么近年来每逢台风、暴雨，好多地方就会开启“城市看海模式”？为什么好端端的高档住宅区，雨后会变成汪洋泽国？

长期以来，城市的过度开发造成了水资源短缺、水污染严重、内涝灾害频发、生态环境恶化等问题。城市建设中毁林占园、围湖造地、河道加盖板、明渠变阴沟等破坏生态的现象比比皆是。而建筑、道路、广场等建设导致下垫面过度硬化，又改变了城市原有的生态涵养功能，使城市“大雨必涝、雨后即旱”。

在此背景下，“海绵城市”的理念应运而生。“海绵城市”以公园与绿地、湖泊水系等建设为载体，实现对雨水的自然积存、自然渗透、自然净化。“海绵城市”是一种城市发展的新理念和新模式。

一些发达国家在城市化进程中，也曾出现过内涝灾害频发的情况，如1910年，一场罕见洪水使得巴黎成了一座水下城市。后来这些国家痛定思痛，放眼长远，不惜投入巨大的人力物力，在城市里大力兴修地下排水工程，通过实施雨水的综合管理，合理控制雨水径流，有效解决或缓解了这个问题。

建设“海绵城市”，就要有“海绵体”。城市“海绵体”既包括河、湖、池、塘等水系，又包括植被草沟、绿色屋顶、可渗透路面等。但是，对于一座城市而言，最大、最有效的“海绵体”是什么呢？无疑是遍布城区的城市公园体系。公园在涵育城市生态方面有着不可替代的作用。一棵树就可以蓄很多的雨水，树木成林的公园就是一个庞大的蓄水池，而公园中的河道、水池也都能有效接纳雨水。如果城区均衡分布着众多的城市公园，再多的雨水都能很快汇流过去，城市的积水现象就会大大减少。这些年，扬州经受过多次暴雨考验，主城区基本未形成大面积积水，很大程度上得益于布局均衡的城市公园体系，是那些大大小小的公园发挥了强大的吐纳蓄排功能。

城市公园不仅涵育城市生态，也是在维护城市的核心功能，维护城市的安全运行。试想，如果一场暴雨之后城市就遍地积水，以至于路可行舟，市民的出行都成了问题，还侈谈什么宜居城市呢？

树木成林的公园

公园是城市格局的“绿色铆钉”

在过去很长一段时期内，道路是城市开发的基础和前提条件。城市建筑沿路而建，道路形成了城市的基本格局。今天，城市公园成为城市规划中的重要基础设施。大大小小的城市公园散布在城市的各个区域，这可以形成绿地环绕或楔入城区的空间格局，从而防止城市的盲目建设和城区无休止的扩张，有效地保护城市规划应有的刚性。从这个意义上讲，城市公园体系就像是绿色铆钉，牢牢地锚固了我们的城市形态。

在我国的城市规划中，有生态保护红线、城市开发边界、永久基本农田红线，等等。**对于一座城市而言，随着时代发展和需求的变化，规划可能会做出调整，“红线”也有可能会失去刚性的约束作用。但是，如果我们有了完善的城市公园体系，情况就大不一样了，因为公园搬不走、移不动。**在锚固城市形态方面，公园发挥着独特而重要的作用。因为这些公园为市民提供了宝贵的公共活动空间，已经成为他们日常生活的必需品，是所有人的财产，由此成为永久性的城市不动产，得到人民群众的自发保护。如果想把公园改作商业开发，首先老百姓就不会同意。

除此之外，公园也成为人们监督周边建筑规划的一个平台。人们天天去公园，周边的建筑哪儿建高了、哪儿容积率超了，一看就明了，客观上起到监督作用，这成为公园对城市形态管控的另一个方面。在这方面，日本的做法很有启示。在日本，一座城市在开发新区之前，通常先建城市公园，然后在公园旁边建一座塔，形成城区的一个制高点，实际上也是一个监督平台。市民们站在这个塔上，就能很直观地看到城市的建设，监督城市规划的实施，城市管理者就不能胡作非为。扬州也借鉴了这个做法。我们在扬州未来城市中心的廖家沟中央公园里建了一座万福桥，两端利用斜拉桥的特点建了两座桥头堡，形成城区的制高点，有100米高。到公园休憩健身的市民，站在桥头堡上，可以鸟瞰扬州城区，哪里在拆迁，哪里在修路，哪里在建公园，一览无余。我们这样做，就是主动接受老百姓对城市规划和城市格局的严格监督。**只有让老百姓天天看、天天监督，才能把城市格局真正地保护起来，并永久地把它保留下去。**

从过去的“道路先行”，到现在的“以园定城”，城市公园已

扬州东区全景图

经从原来“填空”的位置上升为城市规划的重要引导性因素，以及城市竞争力的重要考核因素。稳定的城市公园体系，构成了城市绿色空间的边界和底线，成了锚固城市形态的“绿色铆钉”。

公园本质上是一个公共空间，一旦建成，难以轻易改作他用。但是，从另一方面说，公园在某种意义上也是为城市未来发展留白，赋予城市规划一定的弹性。当城市发展到相当能级，人口规模扩张到相当层级，势必打破原有的生产、生活、生态三者的平衡关系，对适度压减公共空间以满足生产、生活需要提出要求，在此特殊情况下，只要把公园里的树挪一挪、池塘填一填，就可以盖大楼。由此，公园建设用地又体现出有限程度的可逆性。

公园是城市的“颜值担当”

过去，人们评价一个城市的“颜值”，主要是看它有没有优美宜人的风光、整洁美观的市容市貌，而现在，大大小小的公园已经成为评价城市“颜值”的重要因素。这些公园就像是镶嵌在城市里的一颗颗闪亮的珍珠，它们是繁华喧嚣中的“世外桃源”，是一座城市的精神凝聚，也是一座城市文化品格的延续。透过城市公园这种外在表现形式，人们看到了城市里的一种生活态度，一种优雅的栖居方式。

放眼一座座令人向往的世界名城，每个城市都有着优美迷人的城市公园。纽约的中央公园，是纽约这座繁华都市中的一片静谧休闲之地，是纽约的“后花园”；巴黎的卢森堡公园，有着古典文艺的风貌，是巴黎市民慢跑的好去处；伦敦的海德公园，有着蜿蜒的小径和别致的蛇形湖，是市民和游人喜爱的地方。形象鲜明、功能多样的高质量城市公园，往往能成为一个城市文明和繁荣的标志。

历史上，扬州就是一座“颜值”很高的城市。“腰缠十万贯，骑鹤下扬州”，“故人西辞黄鹤楼，烟花三月下扬州”，“天下三分明月夜，二分无赖是扬州”。扬州这座千古名城，曾经占尽风情，是富庶、繁华的象征。如果说，过去扬州的美，主要靠的是众多的名胜古迹和星罗棋布的私家园林，那么今天的扬州，随处可见的公园已经成为城市的“颜值担当”。

几年前，有一位摄影记者来到扬州，制作了一段航拍扬州的纪录片。片子拍完后，这位记者很有感慨地说：“扬州是一座经得起

蜀冈大明寺鸟瞰▶

航拍宋夹城

航拍的城市。”航拍会让一座城市现出原形，航拍也最能看出一座城市的空间布局。扬州城区有两百多个大大小小的公园，这些公园均匀地分布在城区里，街区有绿地的点缀，甚至被绿色所环绕。比如宋夹城体育休闲公园、蜀冈体育休闲公园与美丽的瘦西湖相互依傍，又毗邻绿荫似海的蜀冈风景区，大片大片的绿地中间，是星星点点的古建筑群；碧波荡漾的古运河畔，占地3300多亩的三湾公园，北接文峰寺，南接高旻寺，以古运河为轴线，形成一条气势磅礴的绿色生态长廊，独具地方特色、富含古城历史文化底蕴的剪影桥和凌波桥横跨在古运河上；在城区的公园中，醒目的步道两旁树成林、花似海，又有堆山叠石、亭台轩榭点缀其间。公园，就像一串串绿色的翡翠一样，装点着这座千年古城，让她散发着无穷的魅力。

案例：蜀冈西峰生态公园

蜀冈西峰是蜀冈自唐城以西的余脉，与中峰似断似连，却又自成一体。冈上树木丰茂，有绿水萦绕。作为扬州最早免费开放的公园之一，蜀冈西峰生态公园以绿化为主，大量栽植乡土树种，同时兼顾引种适应性、观赏性强的树种，环境优美，一直是扬州人休闲、游玩

蜀冈西峰生态公园

的好去处。针对公园内缺少运动健身设施等不足，蜀冈—瘦西湖景区有的放矢地对公园实施了提升工程，在保持原有生态环境的基础上，修建了跑道，增加了亮化，并恢复了历史著名景点八卦塘、玉钩亭，使蜀冈西峰生态公园成为蜀冈—瘦西湖国家重点风景名胜区历史文脉的延续和升华。现在，这个公园不仅成为市民休闲健身的场所，也吸引了大量外来旅游旅行者。

孩童嬉戏场景

儿童游乐设施

市民运动场景

体育设施

公园促进城市二次增长

扬州主城区现有城市公园200多座。许多外地的客人一听这个数字，都会感到吃惊：建这么多公园，会占用多少土地资源啊？得花多少钱啊？这么做划得来吗？

这些疑问，西方发达国家在推进公园建设过程中也曾遇到过，但都得到了清晰的解答。有资料表明，1883年，美国的一个商会就提出这样一个观点：对公园相对较小的支出，在不久的将来会给城市房地产带来千百万的增值。一个典型的例子就是纽约的中央公园。这座大型城市公园于1856年建成，此后的15年里，公园周边3个行政区的地价增长了9倍，而与此同时，整个曼哈顿的地价上涨一倍，房价上涨9倍。2008年，在金融海啸席卷欧美各国时，中央公园第五大道附近的豪宅房价非但没跌，反而升值约10%~30%，公园对区域商业价值的带动作用显露无遗。

公园促进城市二次增长。特别是现代城市公园与城市功能区之间相互渗透、叠加，对提升周边区域商业价值、带动片区进而促进整个城市发展具有十分显著的成效。我们做过一个统计，2014年扬州主城区启动城市公园体系建设以来，累计投入近100亿元；2014至2017年，扬州市级土地储备中心在库土地储备从5700亩增加到10138亩；2017年扬州市区经营性用地价格为547.49万元/亩，比2014年上涨79.26%，住宅及商住用地价格为618.48万元/亩，比2014年上涨91.88%。公园周边地块价格逐年提升，从土地成交案例

宋夹城周边小区湖畔御景

看，廖家沟城市中央公园周边地价，从 2014 年的 530 万元 / 亩上涨到 2017 年的 682.67 万元 / 亩；非城市中心地带的师姑塔公园周边地价，从 2013 年的 347.33 万元 / 亩上涨到 2017 年的 644 万元 / 亩。从商品房价格看，总体上亦是稳中有升，特别是随着住宅小区周边公园设施的不断完善，其房产价值也呈现不断升值的态势。“公园楼盘”成为扬州房地产市场的“新宠”。以三湾公园为例，随着公园的建成开放，公园周边某安置小区二手房报价半年内上涨 23.74%，普通商品房价格上涨 21.32%；宋夹城公园周边某小区房价从 2014 年的 11860 元 / 平方米，上涨到 2017 年的 14044 元 / 平方米。“买房子也是买环境”，原为垃圾填埋场后经过生态修复和专业化改造而建成的花都汇公园成了周边楼盘的重要“卖点”，2015 年以前只有 3000 元 / 平方米左右的拆迁安置房，如今价格直奔 1 万元 / 平方米，周边的华建上院、奥园等商业楼盘更是紧俏异常，一房难求。

除了城市地价“一锤子”买卖所显示的行情、房地产价格提升等明显看得到的经济收益外，城市公园建设也在潜移默化中提升了城市的吸引力、竞争力和影响力，带动了城市的二次增长，实现了城市的可持续发展。2017 年中国社会科学院财经战略研究院与联合国人居署共同发布《全球城市竞争力报告 2017—2018：房价，改变城市世界》，公布了全球可持续竞争力城市排行榜，扬州入围前 200 强；2014 年起扬州每年实现人才净流入 1 万人以上，“十二五”期间累计吸引 16 万大学生在扬就业创业。同时，公园体系建设为扬州城市转型、产业发展打下了坚实基础，以软件信息产业为代表的现代服务业近年来快速崛起，一大批企业落户扬州。扬州智途科技公司已经是高德地图、百度地图、腾讯地图最大的内容服务商，公司从 2011 年初创时的 80 人发展到 1500 人，并在全国很多地方开设了分公司，但他们还是把总部放在扬州。开门见绿的自然环境、以人为本的发展环境，是他们长久落户的重要原因。

宋夹城周边小区瘦西湖 · 悦园

位于扬州蝶湖公园、三湾公园周边的创业、科技综合体——智谷，一期工程 12.5 万平方米已入驻企业 93 家，接近“满额”，16.5 万平方米的二期正以“一天一个样”的速度加快建设，三期也正在加紧规划。从一期到三期，智谷的快速扩容是因为入驻企业的快速发展，而众多企业之所以选择智谷也是因为这一创业、科技综合体位于城市公园附近。在智谷，瑞丰信息、航盛科技等入驻企业纷纷表示，人才喜欢什么样的环境，企业就把办公室、研发中心放在什么样的位置，而对年轻人、高素质人才而言，拥有高品质城市公园的城市中心区域无疑对他们有巨大的吸引力。在扬州智谷，一栋科技大厦两年时间培育出三家企业在新三板成功上市，另外储备创业板、新三板上市企业 6 家，未来会有更多“金凤凰”从这个科技综合体里“飞”出来。城市公园催生一栋大厦，一栋大厦“长成”一个产业园，也开启了城区经济向楼宇经济转型的新航程。截至 2018 年 9 月，智谷入驻企业实现业务总收入 15 亿元，实现税收 1 亿元，亩均创造税收 350 万元，是制造业亩均税收的 10 倍以上。

由此可见，一个城市对于城市公园建设不能只算“小账”，而要算“大账”。公园建设虽然让城市失去了某个单块土地开发的短期经济利益，但却使城市获得了经济、社会、生态等方面的综合收益和长远利益。既然城市、区域经济价值的提升靠的是城市公园的带动，那么从周边土地出让金、房产交易税中适当提取一部分，用于公园的建设和管理，也在情理之中，这是一种反哺，一种回报，也解决了公园管理、维护的资金难题。对于公园的规划建设，除公共财政投入外，可以在公园周边土地出让时，通过制定补偿措施鼓励土地使用者为公共用途提供公园建设用地。比如，在高密度的住宅区和商业区，允许开发商以增加楼层、面积为交换条件，先期投入为公众修建公益性的花园和广场。这种模式在西方一些国家被长期应用。在公园管理维护中，也可以将公园环卫保洁、绿化、照明等支出纳入城市市政设施养护支出。

当然，除了通盘考虑城市公园运营支出，还应当注重给公园增加自身的“造血”功能。在实行公园免费开放、保障公众享受公园基本功能服务的前提下，充分利用好公园内的设施资源，推动多元经济主体共同参与运营，挖掘公园附属的经济潜能，能有效放大公园的盈利能力，一定程度上缓解公园养护的资金压力。以扬州的宋夹城公园为例，2017 年公园主营业务收入为 513.1 万元，其中停车场收入 150.5 万元，各类室内球场馆收入（包含场地租赁、饮料、运动器材等）362.6 万元，部分抵消了公园养护成本。

长期以来，城市的公益事业都是由政府大包大揽，具体到公园建设，也是将建设、运营维护的费用单独核算，没有将它与周边区域的商业价值提升、城市二次发展所带来的效益结合起来考虑。但是只要我们看到公园为城市发展带来的巨大推动作用，那么相信每个城市建设公园的意愿都会大幅提升，公园建设的投入成本问题也将迎刃而解。

公园是社会的稳定器

凡是公园多、公园好的地方，那里的人就心气平和，社会治安状况就好。

从大的方面讲，公园建设是社会公平的重要体现。人都是生活在一定的空间里的，日常生活主要分布于居住空间、工作空间和休闲游憩空间。提高人的生活质量必须从三个生活空间同时去考虑，而生活质量的提高又往往表现为居住、工作空间逗留时间的减少和休闲游憩时间的增加。居住空间是人们的私密空间，取决于个人的财产状况；工作空间状况则取决于个人的职业能力；而日常生活中的休闲游憩主要取决于社会公共活动空间的提供水平。在公园等公共活动空间里，所有人都是平等的，不管你官大官小、工作好坏，也不管你有钱没钱，一律平等地享受社会提供的公共服务，锻炼身体、愉悦身心。从这一点上讲，公园、公园体系是促进社会公平的有力

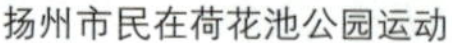

扬州市民在荷花池公园运动

武器。

从社会管理看，公园是减压阀，能消气。全社会爱运动的人多了，身体好、心情好，工作就好，精神状态就好，社会治安就好。个人遇到不如意的事，心情不好，到公园散散心、跑几圈，看到公园里大家都在跑步运动、锻炼身体，满满的正能量，心情就会好很多。平安要管、治安要治，但要治在根上，就得让人把多余的体力消耗掉。如果没有地方让人散步、没有场地让人打球，他就可能去打牌、去打架。

公园是一个稳定器，还在于公园里是一个看得到民情、听得到民意，也能了解到民怨、听得到真话的地方。我们去基层调研，基层或多或少总要做一些准备，发言座谈交流的人也或多或少有所保留。但走到公园，随机碰到市民，大家毫无准备，回答的情况大部分是实情。早晚锻炼高峰，领导干部也和普通市民一样，沿着步道转圈快走，你听到周围人闲谈的话、批评的话，都是真话。这几年，我们有一个体会，经常到公园去，老百姓碰到你，向你反映的问题，都是理性的。他们有问题向你反映，你能解决的马上解决，不能解决的耐心解释，老百姓都是通情达理的。

有人说，多建一所学校，少建一所监狱。我们觉得，多建一座公园，不仅能少建一所医院，也可少建一所监狱。

公园改变一座城，塑造一城人

随着扬州的城市公园越建越多，进公园越来越方便，积极运动健身的市民也越来越多。久而久之，打牌的人少了，打球的人多了，沉迷于酒场的人少了，投身于球场的人多了。市民不仅身体素质好了，精气神也高了；邻里之间相约健身的多了，纠纷吵架的少了；人与人之间的交流多了，宅在家里的人少了。到家门口的公园休憩健身，到家门口的书房读书看报，已成为扬州市民的日常生活习惯。可以说，公园不仅增强了扬州市民的体格与体质，而且提升了这座城市的品格与气质。

打造“健康中国”，从一个城市来说，要从满足人民群众最基本的生活需求做起。健康中国之健康城市，应当分为三个层面。一是要提高人民群众的基本生活质量，让每个市民喝上放心水，吃上放心菜、呼吸上新鲜空气。人的身体70%以上是由水组成的，水是生命之源，喝上干净水是健康的前提。“一边喝脏水，一边挂盐水”，不是真正的健康。扬州用了5年时间实施农村区域供水工程，城乡居民全部喝上经大水厂处理的干净的长江水、运河水，一年后农村居民肠胃病减少70%，两年后，结石病开始大幅下降。不仅如此，由于一天24小时不间断稳压供水，农村人也可以像城里人一样用上洗衣机、热水器和抽水马桶，卫生水平显著提高，老百姓开心地说：“小康不小康，还要看老乡在哪儿上茅缸（厕所）。”世间万物，能够进入人身体的无非空气、水、食品和药品。前三种是健康之基，

市民在公园里踢球

市民在公园里骑行

是主动积极的健康，而后一种是被动、干预的健康，所以，要把食品安全、饮水安全、生态安全作为健康城市最重要的根基。二是要抓体育锻炼和休闲养生。“生命在于运动”，“饭后百步走，活到九十九”，健康在于预防，在于“治未病”，而锻炼休闲首先要有场所。三是确保必要的医疗保障和生命救护。

公园给城市带来了活力，也带来了健康。近几年，扬州全市体育人口每年增长 5 万人，比例超过 36%，高于全国平均水平。2015 年，扬州居民年住院率、慢性病发病率分别低于全国 2.4、6.4 个百分点；2016 年，全市居民人均期望寿命达 79.15 岁，较江苏省居民人均期望寿命 77.51 岁高 1.64 岁。近几年，扬州的棋牌室减少了 40%。据江苏互联网协会统计，2017 年扬州人均周上网时间比全省少 2.8 小时，比全国少 1.1 小时，比 2015 年少 3.9 小时。不少市民表示，通过到公园锻炼，健身，腰围，体重都有了明显下降。可以例证的是，主城区东关街的一间男裤店，卖得最多的男裤的腰围从 2 尺 7 降到 2 尺 5。"三高"疾病有所好转，市民体质大为改善。有些久治不愈的颈椎病、腰椎间盘突出，在公园里走几个月，不打针不吃药不开刀，不知不觉、自然而然好多了。不少城市的医保基金都紧缺，但扬州的医保基金还有节余。

这些年，扬州在把城市最美丽、交通最方便、价值最金贵的地方拿出来建公园的同时，还在城市最繁华、交通最方便、离老百姓最近的地方，建成了二十多个"24 小时不打烊"的城市书房，推动市民在"动起来、乐起来"的同时，进一步"文起来"。很多城市书房就建在公园边上，或者就建在公园里，花香与书香相得益彰。随着城市公园和城市书房建设的推进，扬州初步形成了"半城公园半城书"的城市面貌。

三湾公园城市书房 为两层建筑，面积近 240 平方米。书房临水而建，朝向西边的古运河，采用中国传统水榭和画舫的设计元素，古朴中透出现代感。书房一层通透，打造了供市民和游客休憩的区域，二层为阅读室和观鸟台。室内布置温馨，书香味十足，配置了空调、卫生间和自助咖啡机等设施，为市民游客提供一个"悦读"

三湾公园城市书房外景

的共享空间。

自在公园城市书房　位于江都区自在公园广场东侧，面积240平方米。书房采用全木质结构，建筑外立面古色古香，上方梁柱间设置木格栅，具有视觉的汇聚感、通透感。内部采用木本色材质，整个书房营造出“书香门第、书山有路、博览群书、薪火相传、自在阅读”的美好意境，具有自然和谐之感。

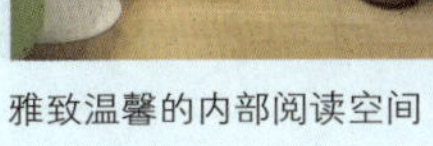
雅致温馨的内部阅读空间

半岛公园城市书房　位于扬州西区半岛城市公园北门入口处，周边环境优美、住宅区分布密集。书房内部布局别具匠心，敞亮的落地玻璃窗设计，让这里光亮且富有青春朝气；简洁的木质原色，让整个空间充满着书香的味道；建筑三面围护幕墙（玻璃门及落地窗）设计，有效地将自然光引入室内，给读者一种典雅、温馨的感觉。

荷花池公园24小时城市书房　位于荷花池公园中心位置。书房采用中式风格，自然情趣与花园景致相得益彰，环境典雅清幽，别具古典韵味。

STARRY 城市书房　位于保障湖畔的汉唐文化广场，与宋夹城体育休闲公园隔河相望。书房屋面飞檐翘角，全玻璃的墙面营造出透明的阅读空间，古朴中又显现代。坐在书房内读书，透过玻璃，户外

城市书房读书场景

银光点点的保障湖映入眼帘，读者还可信步沿着石径步入“后花园”，这里曲径通幽，草木扶疏。书房隔壁就是咖啡馆，美丽温馨的阅读空间让读者沉醉。

由此看出，我们的孩子为什么有那么多戴眼镜的？除了我们以考试升学为中心的导向外，另外一个原因就是对体育重视不够，特别是对室外体育的重视不够。体育的作用不仅仅是强身健体，还有培养意志和合作精神，培养尊重对手和尊重规则的品格，特别是让孩子到大自然中去锻炼，有利于城里的孩子增加野性，既接地气、长体魄、虎虎生威，又培养孩子对自然、对生命、对运动的热爱。“小眼镜”多，主因有二，一是近距离长时间用眼，二是缺乏户外活动。前者除了作业多，还有就是孩子经常用电脑、玩手机、打游戏；后者主要是因为我们公园少，孩子随时可去的公共活动空间少。小小年纪为什么就有抑郁症？许多学校为什么开设心理辅导室？这一定程度上也与不够重视体育有关。中央教育工作会议提出要树立“健康第一”的教育理念，要求开齐开足体育课，帮助学生在体育锻炼中享受乐趣、健全人格、锻炼意志，这确实对青年一代的成长至关重要，是民族大计。

公园对于青少年的成长意义重大。孩子们在公园里跑着跑着，慢慢就长大了。如果城市公园多了，孩子们每天到公园去走走，亲近自然，接触一些有趣的人和事，这会成为他们童年最美好的回忆，这种记忆将会伴随他们的一生。从这个意义上讲，城市公园可以让孩子从小就能得到真善美的启蒙。另一方面，孩子们每天在公园里奔跑嬉戏、运动健身，就会在不知不觉中锻炼体魄，涵养性格。公

园使孩子们身体更强壮、眼睛更明亮、性格更开朗。现在，手机、电脑正在损害青少年的视力，全社会都在呼吁保护青少年的眼睛。但是，孩子们不玩手机、电脑，又让他们到哪里去？**我们认为，常去公园，常看绿色，跑步锻炼，才能真正保护青少年的眼睛。所以说，公园是校园的延伸，公园里的体育场馆是校园体育场的延伸。**

扬州的城市公园里，建有许多大大小小的运动场馆。我们把专业体育场馆和开放的公园结合起来建设，把场馆建在公园中，在场馆周边拓展建公园，目的是把室内运动与室外运动结合起来。体育运动有许多门类，大体可以划分为两种类型，一是以个人能力为主，如我们的国球乒乓球，如田径、游泳。虽然乒乓球也有团体赛，田径赛也有接力赛，也有一些排兵布阵和接力配合，但主要靠个人打得好、跑得快。二是以团队能力为主，如篮球、足球、排球、水球等，

三湾公园青少年运动场景

孩子们在公园体育场馆内打篮球

讲究互相配合。皮划艇和龙舟赛更是如此，众人划桨，每个人都要踩着鼓点划，否则，步调不一，个人能力再强也不行。以单个人能力为主的比赛大部分在室内，而以团队为主的比赛大部分在室外。室外比赛最大的好处是亲近自然，体能消耗大，有利于培养孩子的野性，让孩子经受风吹雨打，直面对抗挫折，积蓄生命能量，培育坚毅性格。

抓小球、抓单项、抓金牌固然重要，但我们更要从体育的目的出发，抓大球、抓户外、抓体育精神的培育。

“抛球招亲”与“观球看郎”。古装戏中有许多抛绣球招亲的故事，民间也有许多穷小子因抢到绣球而迎娶大户人家千金小姐的美丽传说。姑且不论是否真有其俗，但我们都知道抛绣球招亲有太多不确定性。曾经几次与有女儿考上大学的同事和朋友讨论：女孩上大学后，到大学的哪个地方去找个好男孩？去图书馆？能考上大学，一般智力都不会差。天天闷头读书的书呆子，不一定能一起过日子。大家形成的一致意见是，让女儿到篮球场、足球场上找男朋友。在篮球场、足球场能看到男孩的什么特点？第一，常打篮球、踢足球的男孩体力肯定好，在外保护家人，在家干粗活，没有力气与体魄可不行；第二，勇敢，敢于去抢、去撞，工作肯定积极主动；第三，团队运动讲究配合，球场上最能看出一个人是不是自我；第四，经常性的身体碰撞有助于养成包容豁达的品格；第五，打篮球、踢足球总是有输有赢，有助于学会正确面对荣辱得失。当然，身体强壮了，睡眠充足了，心胸开阔了，有利于学习精力更集中、更专注，学习效果也就会更好。这方面，清华大学教授马约翰在《体育的迁移价值》中有详细研究。清华大学响亮地提出了“为祖国健康工作 50 年”“非体育不清华”的口号。世界上诺贝尔奖获得者大部分喜欢体育运动。我常想，如果陈景润体育好、身体好的话，他的数学研究会有怎样大的成就！所以，“抛球招亲”对女孩子极不负责，“观球看郎”则有一定的科学性。

有体育特长的人在商界也更容易成功。美国华尔街的一些大公司招聘人才时，首选的不是名校毕业生，而是运动健将。因为极其繁重的工作压力，只有体魄强健、意志坚强的人才能扛过去；体育

游人畅游枣林湾芍药园

运动节奏快、变化多，球场上反应快的人，商场上反应也快；而且运动员讲究配合，讲究协作，具有团队精神，这是做好复杂工作的必要条件。**中央教育工作会议提出要推进学生“德、智、体、美、劳”全面发展，如果按照“健康第一”的教育理念，就是把身体健康提到更加重要的位置，把体育和劳动放在更加重要的位置。**对于一个人来说，不是只有上大学才能成才，但任何人要能为家、为国工作，必须有健康的体魄。

公园作为最大、最方便的公共活动空间，也是文明教育的课堂。社会主义核心价值观、传统美德、文明礼仪的教育，可以在人们锻炼休闲中，通过一定形式潜移默化熏陶，真正实现让社会主义核心价值观像空气一样无所不在。宋夹城体育休闲公园的一位保安告诉我，公园刚开园他就来此工作了，四年来，看到最大的变化，除了公园的树越长越高，还有就是随手丢垃圾的人越来越少，大声喧哗的人越来越少。一开始有不少人穿睡衣、趿拖鞋来，现在都蹬着运动鞋，衣服穿得整整齐齐、体体面面来；以前大人带小孩来得多，现在大人推着轮椅陪老人来的也越来越多。在公园这个城市大客厅，大家相互学习着、相互教育着、相互监督着，也在相互感染着，公园已成市民群众自我教化的大熔炉。

公园改变一座城，也在塑造一城人。

◎城市决策层是公园城市建设的决定性力量

◎公园城市建设必须以人民为中心

◎城市公园既要建设更要管理

六 公园城市规划建设与管理

在城市化推进过程中，我们除了要规划在哪里建房子，还要研究并明确哪个地方不允许建房子，只能建公共活动空间。从一定意义上讲，不建比建更重要，不建比建更难。

公园城市建设绝不只是在城市里多建几座公园，而是一场城市规划、建设、管理理念的创新与转变。它是一个系统工程，体现着城市管理的硬功夫和细功夫。

城市决策层是公园城市建设的决定性力量

为什么强调公园城市建设要靠城市决策层强力推动？因为它既是关系到一座城市里千家万户切身利益的民生工程，也是一项对于城市的未来有着深远影响的全局性的大事。只有城市的决策层，才有可能站在全局的高度，去看待、去思考公园城市建设的特殊意义。他不仅要思考城市经济，还要思考民生；不仅要思考城市的今天，还要思考城市的明天；不仅要思考公园城市建设的投入，还要思考城市整体价值的提升和公园建设的回报；不仅要说得到，还要做得到、用得好。**一句话，城市决策层是推动公园城市建设的决定性力量。**

建公园当然是好事。决策建公园，最难的是利益的权衡与博弈。如前所述，好好的一块地卖出去作商业用途的话，也许能卖几个亿、几十个亿，对于地方财政来说，当然是一笔很可观的收入，也是一种看得见的政绩。可是，如果把这块地用来建城市公园，不仅这几个亿、几十个亿收不上来，还要另外投入很大一笔建设资金，今后还要长期维护。当初宋夹城体育休闲公园的论证、立项，就是一个很显著的例子。在扬州老体育场拆迁遇到很大争议的时候，宋夹城是卖地皮建度假村，还是种树建公园，一正一反，差了几十个亿，这是大家都会算的一笔明账。作为决策者，这是需要权衡的难题。

明月湖全景图

需要博弈的是公共利益与局部利益。老百姓当然需要更多的公园，但具体实施的部门、单位、主体有经济发展的压力，甚至有年度考核指标任务，这些主体事实上存在两难的选择与权衡。

作为城市的决策层，在利益的权衡与博弈中，最终还是要以城市的全局利益、长远利益和人民群众的切身利益为根本标准。在城市化的推进过程中，我们除了要规划在哪里建房子，还要研究并明确哪个地方不允许建房子，只能建公共活动空间。从一定意义上说，不建比建更重要，不建比建更难。我们抓城市规划，除了要抓城市的发展方向、规划布局，还必须考虑为城市的发展充分留白，对城市公共活动空间进行统筹规划、合理定点、精心打造，并要用强制性的措施来保证实施。我们制定《扬州市公园条例》，正是出于这样的考虑。当然，建设和管理公园也要考虑现实的资金平衡问题。因为公园城市是为所有人服务的，这个地方建公园虽然花了不少钱，但是我们完全可以从其他地方、其他方面把它补回来。这是一项涉及全局的事业，虽然一时看不出来，但从长远来看，对城市、对百姓会产生极大的效用。

欧美国家由于土地私有性质和城市建设决策机制的不同，公园建设推进协调难度大。在我国城市，只要决策层统一意见、广泛征求人民群众意见，就能全力推进，既可以多建公园，又能从全市全民角度均衡统筹布局。这是我们社会主义制度在城市建设方面的巨大优势。从这个意义上看，欧美国家的城市有许多公园，但从全国城市看，要建设普惠的公园体系，建设公园城市，我们国家更具制度优势和行政推动力。

公园城市建设必须以人民为中心

公园城市建设必须坚持以人民为中心，主要体现在：

一是要把公园建在老百姓中间，不仅是一个片区、一个区域有一两个公园，而是城市处处都有公园，整个城市就是一个大公园，让每一个区域的百姓都能很方便地在周边找到公园。

二是要以满足人民群众的体育健身需求为目的，配置不同的体育休闲设施，让每个人去公园都有地方玩，老的少的，男的女的，特殊人群，都能找到一个适合的锻炼项目和设施。

三是要以专业标准建好每一个设施。所有的体育设施，无论是足球场、网球场、篮球场，都要按照国际标准来建设，资金不够，宁可少建几个，但必须建一个成一个。不是说大公园配置就高，小

大水湾公园内的体育设施

宋夹城体育休闲公园内的银杏树

公园配置就一般。我们认为大小公园都是为百姓而建，为老百姓做的事情没有“普通版”，必须全是“精装版”。栽树同样如此，公园里面的树，要以乔木为主，树干要直，要能形成林荫道。我们规定，除了水边，不准栽柳树，公园里 2/3 的树要能茂盛生长五十年以上。

城市建设以人民为中心，最为重要的就是要满足人们对美好生活的向往，满足人们对健康快乐的追求，在这方面城市公园体系建设承担了重要的作用。为此，我们提出在城市新区规划建设中“公园 +”和旧城更新改造中“+ 公园”的模式，这也是对之前城市新区建设一般推行的“政府大楼 +”模式进行反思后形成的新思路。

改革开放以来，特别是 1998 年房改政策实施以后，人民群众对住房的需求爆发性释放，是中国房地产市场最好最旺的时期，也是中国城市化进程最快的时期。这个时期，是中国城市建设“千年一遇”的“窗口期”，突出的表现是每个城市都建有新区、新城，有的是拥有好几个新区、新城，“十年再造一个城市”的神话成了现实。

在这一轮城市新区建设高潮中，借助政府行政中心的搬迁，拉动城市新区建设是一种普遍模式，通过“政府大楼 +”，在新城新建政府办公楼，同步建设公共文化设施、体育场、展览馆等功能性设施，有的还要求金融机构一并搬过去，以带动房地产市场的发展，快速推动新城的开发。这种模式对城市新区建设的拉动主要表现在：一是行政中心带动各类政府服务机构的迁移；二是与政府服务相关的咨询服务等产业的跟进；三是带动政府公务人员的购房需求。这种模式在当时的历史背景下具有一定的必然性，但从城市的长远发展看，特别是在推进“放管服”改革，公车改革、[illegible]新时代，通过搬迁行政中心建新城的模式明显不可复制、不可持续，后劲不足。随着“放管服”改革及电子政务的推进，分置式服务、“不见面审批”已成为政府服务的基本要求，市民不一定要像过去一样去行政服务中心，在家门口就可以办成许多事；私家车普及后，在政府及公共机构工作的人员，其居住和购房也不再追求靠近机关，而是以是否有良好的生活环境为主要考虑因素，特别是年轻公务员通常是以有没有适合子女上学的好学校来考量买房位置。这种模式最为突出的一个问题是，新区除了行政中心、金融中心外，绝大部分是商品住房，真正的产业用房、就业用房比例很低，这也是许多新城出现早晚人口“潮汐”现象的原因。扬州这几年在已经初步成形的城市新区规划建设科技产业综合体、发展“楼宇经济”，为年轻人提供创新创业的“工场”，就是为了弥补新区建设“工住平衡”方面的不足。

对于一座城市来说，新城的发展不能完全代表城市发展的水平。事实上，即使是目前中国的一线二线城市，在有繁华 CBD、现代新区的同时，也有“城中村”“棚户区”，有的面积还比较大，分布比较广。新城固然代表了一个城市现代化发展水平，但并不一定代表整个城市的整体发展水平。从短板理论看，许多城市，包括一些明星城市，虽然拥有许多美誉，但去看看城中村、棚户区，城市改造要做的工作还有很多。当然，世界上每个大都市都会有这样一些区域。对我们来说，一方面要建新区，另一方面，要从“以人民为中心”的高度补好旧城更新改造、功能修补这块“短板”。

衡量一个城市的建设是不是以人民为中心，一个试金石是看政府办公大楼建在什么位置，楼本身建得如何，门前的广场是什么样子。在远离人口密集区的空旷之处，规划建设高大豪华的办公楼，加上宽广的硬质广场，凸显的只是政府办公楼的气派，每年真正在政府大门口举办的大型集会活动并不是很多，这样的“政府高楼＋人民广场”的配置实在难以称得上“以人民为中心”。把大广场硬质大理石铺装大幅减少，把那些高大的雕梁画栋去掉，多栽些树木，多建一些步道，多配一些凳椅、凉亭、厕所，让人民群众在大热天也走得进去、停得下来，舒适地休闲健身，那才是真正的人民广场。

现在我国的城市化发展已从高速扩张性增长阶段转向平稳高质量发展阶段。新时代城市工作的鲜明标志，一是以满足人民群众对美好生活的向往为核心导向，二是注重生态文明建设。以人民为中心，首先应当是以普通市民的日常生活需求为中心。而公园城市建设是“城市双修”的重要抓手，是新时代城市发展的方向。

城市公园既要建设更要管理

1. 对公园规划者的管理

公园最初是为了解决社会问题而建设的，因此相比于一般的城市规划者，公园规划者应该对社会问题有着更深入的认识和研究。公园规划中不仅应强化人与自然的充分接近，更应强化人与人的和谐关系，突出人与社会的共同发展。公园规划要统筹全域、突出公平，将人与自然、人与人、人与社会的多向互动作为设计和规划的中心，

"全民健身日"千人群众体育展示活动

中央电视台"大手牵小手"活动现场

大水湾公园社区运动会

三湾公园剪影桥

强调人在现代城市公园中的主体地位，体现现代城市公园的人文关怀，满足当今社会人们日益丰富的生理需求和心理需求，使现代城市公园能更好地服务于整个城市的居民。

公园是城市历史文化变迁的印证，因而，规划师应该注重挖掘城市的历史文化内涵，促使公园绿地成为本土文化传承的重要载体，成为本土文化基因的孕育地和本土文化遗产的展示地。比如，扬州三湾公园中的剪影桥设计，桥体以中国红为基色，将非物质文化遗产扬州剪纸作为设计元素融入桥梁建筑，在视觉上营造一种透空的感觉，给人以艺术的享受，同时这也是对中华民族传统文化的一种传承。

2. 对公园建设者的管理

公园建设不是一朝一夕的事，也不可能毕其功于一役，每一个公园都会因为时代的变化而不断丰富完善。对于建设者而言，应以雕琢艺术品的心态，认真对待每一个公园的建设，只有建设者的静心精心、久久为功，才能让每一个公园都经得起历史的考验和老百姓的评判。

在公园建设之初，公园建设主体单位即应当向公园主管单位和公众提交公园设计方案，广泛征求人民群众的意见。在建设过程中，对建设单位不按照公园规划和设计方案建设、不按照依法批准的土地用途和规划建设、未经验收或者验收不合格即交付使用等情况，应由公园主管单位责令尽快改正。公园所在地管理部门应根据国家公园设计规范，制定符合地方实际、体现地方特色的城市公园设计规范和技术标准，如公园内的公共厕所、避雨廊道、停车场、路面

大水湾公园儿童游乐设施

扬子津古渡公园足球场

古渡公园儿童游乐设施

三湾景区座椅

公园高低篮球架，打篮球本身就是一项娱乐活动，不一定非要按照标准篮球场地建设，四面篮球架使不同年龄的人都可以投投篮、扣扣篮、健健身

铺装、照明设施等一系列构造物，都应有相应的施工标准和技术规范，从而推动公园建设的标准化。

建设者的静心精心，体现在公园内的每一个细节。凡是在公园内设置的设施，一草一木，一砖一瓦，都应精益求精，追求品质。公园内的设施可采取传统园林园艺化的美观改造，如亭、台、楼、阁、廊、榭等，可与休息场所结合起来，配合自然的水、石、花、木等元素，形成每个公园独特的标志；对公园内重要的绿化景观，如树木，则要按照“能长高、能长壮、能成林、能成景”和“彩色化、珍贵化、效益化，茂盛生长50年”的要求，进行绿化配置，提升内部景观效果。

3. 对公园使用者的管理

在纽约中央公园建设之初，奥姆斯特德就向中央公园委员会提出：“由于大多数纽约市民对公园一无所知，为避免被滥用和破坏，市民们需要通过培训以实现对公园合理的使用。这项工作刻不容缓，即使公园还在施工过程中也应该开始。”他认为：“来到公园的游客应很快认识并觉察到公园和其他公共空间的不同之处：所有树木、灌木、水果、花朵，在这里都是公有财产。”纽约中央公园部分建成并面向公众开放后，奥姆斯特德立刻敦促公园委员会制定了一系列管理规定，其内容几乎涵盖了公园管理和使用的方方面面，包括禁止各种不良行为如“快跑”、“马车野蛮行驶”、赌博、叫卖以及“粗俗语言”等。[1]

民国时期，南京的公园管理机构也曾多次颁布游园规则，包括民国三十五年（1946）颁布的《南京市园林管理处游园规则》、多次修订的《玄武湖公园游览规则》，以及第一公园颁布的《南京第一公园游园规则》，等等。[2]这些规则对游客提出了文明游园的要求，如花卉果木不得擅行采摘，笼中鸟兽不得戏弄或者恫吓，公园内一切物件不得擅动，游客举止要文明，不能随地乱丢垃圾，不能随地吐痰，等等。对于违反规则的游客，公园事务管理员可以随时制止，情节严重或者给公园带来损害的，将责令赔偿或送警局查办。对于游人不服管理和劝阻的情况，则通过公园的保安和警察来维持公园秩序。

目前，世界各地的公园几乎都有相应的管理条例。但我们看到，随着时间的推移，越来越多的人已经将公园当成了自己的家，他们正从被管理者自发地向管理者转变。去公园多了，市民素质不断提高，市民的公民意识、规则意识不断增强。

1 刘源、周亘：《美国纽约中央公园的营建和管理》，载《陕西林业科技》2012年第4期。
2 贾鸿雁等：《民国时期南京城市公园的建设与管理》，载《扬州大学学报（人文社会科学版）》2017年第5期。

4. 公园管理中的市民参与

公园是城市的公共产品，它的最终使用者是市民，而且，这个公共产品不像水、电、气一样是单向的、被动的、标准化的、固定格式的使用，公园为市民提供的服务是丰富的，可以不断变化和优化的。由此，最有效的公园管理是激发市民的参与，把城市公园变成市民的家园。

在公园建设之初，就应吸收市民代表参与公园设计，广泛听取市民对公园建设的要求；在建设之中，也要全程让市民参与监督，发挥他们对公园建设质量控制和细节优化的促进作用；公园日常运营维护，更应以市民为主体，对在公园内部的活动制定公约和具体规定，就公共场地使用、噪声管理、废物管理等提出方案。

市民参与的另一个好处是增强了市民对城市的归属感、责任感以及对政府公共服务的认可度、满意度。公园是市民身边最直接、最直观的公共服务，也是最普遍的政府与市民互动交流的平台。市民参与公园管理，体现了作为城市主人的作用、价值和意义。哪怕一个小小的建议被采纳，市民的城市主人翁意识都会大大增强：这是我的公园，这是我的城市。

城市志愿者在公园中提供服务

5.《扬州市公园条例》的创新点

公园管理是一项系统工程，不少国家和城市已经把公园管理用法律的形式固化下来，如美国有些州的《公园法》、日本的《都市公园法》等等，这些法规对推动公园的建设和管理都起到了积极的作用。

2014年以来，扬州公园城市建设已具雏形，但是，公园由谁来建？后续该如何管？这些问题仍然没有制度性的规定，特别是对于免费开放公园的管理，国内尚无有专门的法律法规。2017年12月1日，《扬州市公园条例》正式实施，成为国内较早、江苏省首个关于城市免费开放公园的立法，对公园管理涉及的规划、建设、保护、管理等诸多方面的内容都做了详细规定，特别是条例中明确规定的"公园数量和面积不得减少"，明确规定任何单位和个人不得侵占公园用地或者擅自改变公园用地的使用性质；确因国家重点工程和城市重大基础设施建设，需要改变已建成的公园用地使用性质，属于市规划区范围内的，应当经市人民代表大会常务委员会审议后，按照法定条件和程序进行调整，属于县（市）规划区范围内的，应当经县（市）人民代表大会常务委员会审议后按照法定条件和程序进行调整。《条例》的颁布实施，对扬州持续推进公园城市建设、提升公园管理水平，起到了很好的促进作用，不仅是为当下的城市市民，也是为历史、为子孙后代留下了制度保障。

无论是公园的规划者还是建设者，最终都将成为公园的使用者、受益者。在公园管理中，除了更多地发挥政府主导作用，更应鼓励全社会力量参与公园管理，使市民参与到公园规划、建设、运营的全过程，让公众像爱惜自己的私人物品一样，爱护公园、珍惜公园。

万福大桥

七 以公园思维引领城市发展

以公园为主体，就是以公共活动空间为主体，也就是以公共利益为主体，就是以公众为主体。在城市的开发建设中，不管是老城区的更新，还是新城区的扩展，都需要有这种“公园思维”。

公园城市建设不仅仅是建几个公园，而是现阶段我国城市发展的方向。不同的时期城市建设侧重点不一样，不同的时期人们的需求也不一样，对城市发展的要求也不一样。在新时代，建设公园城市应当是城市发展的新引领。我们要有公园思维。

公园思维与人民生活高质量

人民生活的高质量必然要求城市建设发展的高质量。现在人们的吃穿住等基本生活需求得到了满足，过上了小康的生活，我国社会主要矛盾已经转化为人民日益增长的美好生活需要和不平衡不充分发展之间的矛盾，而这种不平衡、不充分在城市生活中突出表现在由于城市化高速增长过程中对城市公共空间建设的重视不够，所带来的城市生态紧张和城市公共服务不足等问题。实行城市“双修”，治理“城市病”，是高质量推进城市建设发展的必然要求。而公园城市建设，无论是对城市生态修复，还是对城市功能修补，都有极其重要的促进作用，是城市“双修”的重要抓手。

在城市建设中坚持以人民为中心，本质上是坚持以人的活动为中心，为人民群众提供更多更好的、以城市公园为主体的公共活动空间，满足人们对生态环境和休闲健身的需要，满足人们对健康快乐的本质需求。以公园为主体，其实就是以公共活动空间为主体，就是以公共利益为主体，也就是以公众为主体。在城市的开发建设中，不管是老城区的更新，还是新城区的扩展，都需要有这种“公园思维”。

打造公园城市，是中国城市发展的一个方向，也是城市发展模式的一种探索。我们所要建设的公园城市，不仅是建有很多漂亮公园的城市，而且是为民建“园”、以“园”为核的城市，是传承绿色生态基因、控制区域开发边界、提高公共服务效益的城市。只有把整个城市作为一个大公园来规划建设，才能真正实现城市建设发展的高质量和人民生活的高质量。

目前，扬州发现鸟类约 250 种，近 30 年来增加 50 余种，“小鸟用翅膀为扬州的生态投了票”

公园思维与城区新经济发展

经济有许多门类，也有许多分类方法。就城市经济而言，种类也比较多。每个产业、每个企业都要落地，从最后落地的情况看，城市经济有三个主要形态：一是园区经济，主要是制造业，大的流程性、配套性强的产业要放在园区，形成产业园区才有效益，特别是化工企业和汽车制造业企业，即使是服装、鞋帽、食品加工等流程、配套不长的企业，因为其运输量大，也必须放在园区；二是景区经济，主要包括景点、宾馆等，大部分围绕一个大的自然或人文景点而展开；三是城区经济，主要是指为人的生活直接服务的企业和产业，还有主要依靠人力资源创造财富的企业和产业，特别是创新型新经济。

创新型新经济有许多形式，但从其本质特征看就是投入产出率高、资源能源消耗少、无污染、就业层次高、对城市带动性大。典型的是软件和信息服务业、金融服务业、文化创意产业。一般是以办公室、实验室、工作室为载体，其共同点就是楼宇经济。

发展这些楼宇经济产业，最好的地方就是在公园附近，尤其是大型公园旁，公园可以是这些楼宇经济繁荣的催化剂。其动力机制来自于：好环境能催生年青人的创造力，好的公共空间能促进人们之间的交往、激发创新力。同时，具有标识性的公园也使周边的楼宇具有标识性，也能吸引更多更好的企业入驻与发展。纽约中央公园旁，商务楼宇林立。扬州这几年建的许多科技产业综合体，运行最好的是在三湾公园旁的智谷科技综合体和位于明月湖公园旁的国

科技产业综合体中国声谷

泰大厦。

城区经济还有一个重要行业，就是宾馆服务业。将宾馆建在公园旁，除了使宾馆有更好的景观，更易识别与到达外，还有两个重要好处：一是有利于宾馆客人户外体育锻炼，二是有利于外来的客人快速融入当地人的生活，方便与当地居民的交往。前者，让旅行旅游者即使远在他乡，也能做到该吃饭就吃饭，该休息就休息，该锻炼就锻炼，自身生活一切正常；后者，让旅行旅游者，即使独在异乡，也能宾至如归，能与当地人一起跑步走路，一起溜弯转圈，很快成为当地人的一部分。纽约、伦敦最好的酒店是中央公园和海德公园旁的酒店。外国高端商务代表到扬州来，首选的也是处在公园旁的迎宾馆和香格里拉酒店，这些酒店房价也远高于不在公园旁边的同星级宾馆。

对快速进入老龄化的中国来说，养老是一个不可回避的大问题，养老产业也是具有巨大潜力的产业。养老产业链很长，七十岁之前能走能动，旅游养老是主要方式；七十岁以后，以居家养老和社会养老为主。由于计划生育政策，我国 1955—1975 年出生的这一辈人，大多只有一个子女，其养老只能是集中或社会养老为主。这是今后二十年我国必须面对和破解的一个重大而现实的社会问题和经济主题。但养老院建在何处？建在风景很美但远离城区的郊外可不可行？风景好，地方安静，可以养生，但老人也是社会人，对退休老人来讲，除了基本生活外，其第一担心的是孤独，第二担心的是孤立。孤独指的是空巢在家，很长时间见不到子女；孤立指的是在养老院，天天与老人在一起，以静为主，看不到儿童、年轻人，看不到生动的日常生活，远在郊区的养老院没有生机与活力，老人有被孤立遗弃的感觉。最好的养老方式，除了社区居家养老外，就是社会养老院要嵌入在城区，最好在公园旁。在公园旁的养老院，既有好环境，也让老人有好去处，让老人在安享晚年的同时，又能拥有丰富多彩的生活。国内有些城市已开始在商品房土地出让中，刚性规定一定比例自持用于建设养老院。这样做的好处很明显：子女在小区里买商品房，让老人在同一小区的养老院里生活和康养，既能让老人接受专业养老服务，老人有什么问题，子女也能快速赶来，又因为在同一小区，天天可以见到子女，老人还能享受到天伦之乐。这是从城市的微观细胞着手解决中国养老这一难题。

公园思维与“多规合一”

长期以来，我国的城市规划和建设中存在着两个突出的问题：一是一些“纵向”的部门实行垂直管理，整体要求与局部诉求常有冲突；二是多种“横向”的规划并行，叠床架屋，且互不相衔接，增加了推进落实的难度。由此导致城市规划对城市发展的引领作用、城市规划的执行刚性都不够，人与资源、人与自然之间的矛盾也愈发突出。实现“多规合一”，是统筹“生态、生产、生活”空间，优化国土空间规划与使用的重大决策。

如何在城市实施“多规合一”？如何在城市开发边界内优化“生态、生产、生活”空间？如何在城市内既发挥好国土空间规划的刚性管控功能，又充分利用好原城市总规的专业和引领作用？划分部门管理职能在城市的地界是个关键。从基层操作看，城市管理者树立公园思维，着力规划和建设城市公园是一个着力点。具体说，城市层级的自然资源部门要管控好以下几个方面：

1. 总量控制。要对城市内部成块绿地总量所占城市规划建设区面积或人均绿地面积进行总量控制。之所以强调是“成块绿地”，是因为沿路绿化更多的是美观功能，生态作用远远没有成块的绿地明显。成百上千公里的行道树虽然很美观，但有几棵树上有鸟栖息？而成片的绿地，只要有树、有草、有水，就有飞鸟翔集。

2. 国土空间规划中优先刚性规划生态中心。首先应当确定城市东西南北大的城市内部生态中心的位置，并在生活集中区域以服务区域人口为依据，确定城市生态中心的面积，以此作为城市总规制定的前置条件，也是国土空间规划与原城市总规的边界。

3. 对城市核心文化、遗产资源周边进行保护性空间控制，也就是设立文化遗产缓冲区。这是从更大范围对城市核心价值资源的保护和对城市的贡献。更直观地讲，就是自然资源部门要规划确定城市里的生态空间，明确城市里哪些地方不让搞建设，规划建设部门应当在城市边界内和城市生态中心外，做好城市规划、设计与建设。

4. 在生态中心和遗产缓冲区可以叠加体育、文化元素，让这一区域成为市民可以进得去、看得到，也能享受得到的公共活动空间，成为城市公园、市民乐园。

城市规划建设不是依领导人和规划师的意志想去建一个什么样的城市，而是要看城市的自然禀赋和生态容量允许我们去规划建设一个什么样的城市。这样做，既能增加国土空间规划对城市总规和详规的控制，又能使城市总规具有一定的弹性和韧性，引领并保障城市的可持续发展。

这样做的另一个好处是，使人民群众能够看到生态文明建设就在眼前、就在身旁。大的生态空间大部分在城市以外，老百姓看不见、摸不着，但家门口的生态福利人家可以天天感觉得到，人民群众更会主动去保护、去珍惜。毕竟，回归自然、享受自然是美好生活的应有之义。

公园思维与城市开发导向

我们的城市开发应当适合中国的国情。以人口来衡量，我们的国土面积其实不大，尤其是在东部地区，人多地少的问题非常突出。以“公园+”的模式来规划建设新区，是城市规划的一个方向性的转变。但是，目前在许多城市的新区规划建设中，有一个令人深思的现象，就是新区的公共活动空间普遍还不够大，而住宅建设大户型占有较大比重。有的城市过去还曾开发了不少高档别墅区，大量占用了宝

半岛公园

贵的土地资源。我们不能追随欧美国家的城市发展模式。欧美国家普遍人口少、面积大，可以到处铺草坪、建别墅。我们的城市开发，只能走集约化的道路，向空中发展，把空出来的地面用来搞绿化，建设城市公园，这样才能节省稀缺、宝贵的城市土地资源。

日本、新加坡的做法值得我们研究。日本和新加坡同样也是人多地少，所以住宅建设以小户型为主。同时，附近的公共空间、公共绿地都尽可能大。简单地说，就是房子要小，公园要大。日本和新加坡克服人多地少的先天不足，在公园城市建设方面取得了令人瞩目的成就。我们从中应当得到宝贵的启示。**在城市开发建设时，要始终牢记：“房子是用来住的，不是用来炒的。”根据中国的国情，一个务实的开发模式应该是“大公园＋多楼层＋小户型＋高品质”。**

城市公园是一种提升城市品质的公共产品，也是城市管理者必须向市民提供的社会福利。我们应当研究以城市公园为导向的商品房开发之路，通过这种开发导向和发展模式，鼓励更多的人到户外去，到公园去，到公共活动空间去，在那里休闲、交流、健身，而不是足不出户，整天“宅”在家里。对于现代城市的居民来说，减少一点在家的时间，增加一点在公共空间活动的时间，是高品质生活的一种体现。

公园思维与奥林匹克城

多年来，对于一座城市来说，能够举办一次大型运动会，是一个很大的荣耀。许多城市都会想方设法，倾尽全力去争夺主办权。然而近几年，这种大型运动会渐渐由“香饽饽”变成了棘手的难题。西方一些城市即使申办奥运会，市民也有许多反对声音，还有的城市因为举办奥运会而濒临破产。三年前，扬州获得江苏省第十九届运动会的承办权。我们一直在思考这样的问题：怎样才能办好这届运动会？能不能找到一种有别于其他城市举办运动会的新模式？

省运会主场馆展露新颜

李宁体育公园

扬州体育公园游泳馆

举办大型运动会，究竟是带动一个城市片区的开发，还是带动整个城市的开发？现在，世界各国的城市举办综合性运动会，通行的模式是划定一个很大的片区，先建一个可以容纳几万人的巨型体育场，再建几个游泳馆、球类比赛场馆以及大型奥运村等配套设施，而且会围绕运动场馆，修建地铁、道路等公用设施。把所有的场馆、设施集中在一个区域，运动会期间就比较好组织，交通问题也比较好解决，而且集中建几个超大型场馆，看上去的确也很有气势，建

扬州体育场

成奥林匹克公园，能成为一座城市的新地标。但是，这样做有很大的弊端。因为建了大型的奥林匹克公园，考虑到比赛期间会有大量的人群过去，于是就建了奥运村，修很多的道路以及大量的辅助设施，结果是“辛苦四五年，精彩一个月，闲置几十年”。等到运动会结束后，庞大的奥林匹克城辉煌不再，冷冷清清，门可罗雀，成了一座空城。因为太大，功能单一，距离又远，没有多少人愿意去。这是公共资源的极大浪费。可以说，这也是一个世界性难题。

扬州立足于公园思维，探索了一个新的模式，概括为“分布建，有主题，多功能，两融合”。所谓分布建，就把整个扬州作为一个奥林匹克大公园来规划，体育场馆变集中为分散布局；所谓有主题，就是各体育场馆都要有一个明确的主题，比如北部场馆以游泳馆为主，东部以体操馆为主；所谓多功能，就是除了有一个主功能外，把每个场馆都建成小综合馆，都有游泳、篮球、乒乓球、羽毛球等通用设施；所谓两融合，就是把室内与室外相结合，把体育场馆建在公园内，体育场馆与社区活动、其他活动相融合，其实这些场馆是一个社会活动综合体。

为了办好这次省运会，我们还提出了一个口号：家门口的省运会，天天开的运动会，处处都有体育场，人人都是运动员，家家都有啦啦队。

大部分城市通过运动会带动的是一个城市片区的开发，是局部开发，而我们是要通过举办运动会，推动整个城市的开发，把一个小区域的“奥林匹克公园”扩充为全域性的“奥林匹克城”。这是一个大的思路调整，也是公园思维引导城市发展的一次探索与实践。

省运会主场馆夜景

公园思维与扩大内需

人民群众对美好生活的向往是我们国家最大最持久的内需。不同时期人民群众有不同的需求，但让老百姓喝上干净水、吃上放心菜，呼吸上新鲜空气、有地方去健身，是最基本的需求，因为这些需求人人都需要，天天不可少。

当前，公共活动空间已成为城市人民最普遍最迫切的需求，这种需求会持续终身、持续永久。建公园永远不会错，因为人民群众

真州路立交公园

永远需要。公园城市建设也是建设美丽中国和健康中国的交汇点，是建设生态城市、海绵城市的着力点。扬州这几年在公园建设上直接投资100亿，如果全国城市都这样建的话，将是一个巨大的投资需求。而且这个投资永远是有效投资，它就像设立国家公园保护重大生态资源一样，会变成城市永恒的资产。比如这几年，国家在西部和中部设立了三江源、神农山等国家公园，保护了中华民族的生态资源，成为国家的永恒资产。在城市里，在老百姓中间，如果我们建城市公园，从一个城市看，是点点滴滴、星星之火、涓涓细流，从全国各个城市看，就会形成燎原之势、磅礴力量。因为是建在老百姓中间，自然会被人民群众自动自发保护下去，城市公园也完全可能成为新时代的民族永恒资产。

贯彻习近平总书记关于公园城市建设的重要讲话，我们要自觉以公园思维推动城市开发和城市建设。我们期待更多的城市能加入到公园城市建设的浪潮中来，让人民群众切身体会到：美丽中国就在眼前，健康中国就在身边。

名城扬州

附录：《扬州市公园条例》

（2017 年 7 月 26 日扬州市第八届人民代表大会常务委员会第四次会议制定；2017 年 9 月 24 日江苏省第十二届人民代表大会常务委员会第三十二次会议批准）

第一章　总则

第一条　为了促进公园事业健康发展，改善生态和人居环境，根据相关法律、法规，结合本市实际，制定本条例。

第二条　公园是指具备良好绿化环境和较完善设施，向公众开放的，以休憩、健身、游览、娱乐为主要功能的公共场所，包括开放式管理公园和封闭式管理公园。

第三条　开放式管理公园的规划、建设、管理、使用等活动适用本条例。

第四条　公园事业发展坚持政府主导、社会参与、统一规划、规范建设、科学管理、充分利用的原则。

第五条　公园实行名录管理。公园名录应当包括公园名称、类别、位置、面积、四至范围和管护单位等内容。

公园名录编制、公布、调整的标准和程序由市人民政府确定。

第六条　各级人民政府应当将公园事业发展纳入国民经济和社会发展规划、计划，保证公园规划、建设和管理所必需的经费。

鼓励自然人、法人和非法人组织通过投资、捐赠、参加志愿服务等方式，依法参与公园的建设、管理和服务。

第二章　规划

第七条　市城乡规划主管部门应当会同市公园行政主管部门、县（市、区）人民政府，依照国民经济和社会发展规划、土地利用总体规划、城乡规划，编制市公园体系发展和保护专项规划。

编制市公园体系发展和保护专项规划应当符合下列要求：

（一）明确全市公园体系的发展和保护目标，做到布局合理、覆盖均衡、体系完整、功能多样；

（二）根据不同区域人口数量，科学规划综合公园、社区公园的选址、面积和服务半径，方便公众使用；

（三）因地制宜，配套建设农村文体活动广场；

（四）改善城乡环境，鼓励利用荒滩、荒地等建设公园。

编制市公园体系发展和保护专项规划应当广泛征求意见，规划报送审批前，公示时间不得少于三十日。

第八条　市公园体系发展和保护专项规划经市人民政府批准后，任何单位和个人不得擅自变更；确需变更的，公园数量和面积不得减少，并报市人民政府批准。

市公园体系发展和保护专项规划应当报市人民代表大会常务委员会备案。

第九条　任何单位和个人不得侵占公园用地或者擅自改变公园用地的使用性质。

确因国家重点工程和城市重大基础设施建设，需要改变已建成的公园用地使用性质，属于市规划区范围内的，应当经市人民代表大会常务委员会审议后按照法定条件和程序进行调整；属于县（市）规划区范围内的，应当经县（市）人民代表大会常务委员会审议后按照法定条件和程序进行调整。

涉及城市永久性绿地的，按照市人民代表大会常务委员会有关城市永久性绿地保护规定执行。

第十条　科学合理利用公园地下空间，严格控制商业性开发。确因公益性项目建设需要开发公园地下空间的，应当依法审批。

第三章　建设

第十一条　市人民政府应当根据国家公园设计规范，制定符合本市实际、体现本地特色的市公园设计规范和技术标准。

第十二条　公园设计应当充分利用原有地形地貌、水体植被等自然条件，注重人文景观和文化艺术教育内涵。

第十三条　新建、改建、扩建的公园，绿地面积应当符合公园设计规范，栽植的树木应当符合本地区自然生长条件。

第十四条　新建、改建、扩建公园的，建设单位应当根据市公园体系发展和保护专项规划，组织编制公园设计方案。

建设单位申请建设工程规划许可，应当提交公园设计方案。

城乡规划主管部门审查公园设计方案，应当征求公园行政主管部门的意见，公园行政主管部门应当及时提交意见。

第十五条　新建、改建、扩建公园竣工后，建设单位应当依法组织验收。验收合格后，方可交付使用。交付使用前公园的养护和安全管理责任，应当在施工合同中约定。

公园建设单位应当在竣工验收后三个月内将公园建设工程档案移交城建档案管理机构存档。

第十六条　公园配套服务设施的设置应当符合设计方案、技术规范和安全标准，并与公园景观、环境相协调。

第十七条　社区公园照明和亮化设施的建设、维护，纳入市政路灯系统统一管理。

第十八条　公园名称依照地名管理规定确定。

第四章　管理

第十九条　市园林主管部门负责本市公园行政管理工作，是本市公园行政主管部门。市人民政府有关部门按照各自职责做好公园行政管理相关工作。

各县（市、区）人民政府应当将公园行政管理职责落实到所属部门。

第二十条　市公园行政主管部门承担下列管理职责：

（一）参与编制市公园体系发展和保护专项规划；

（二）组织起草市公园设计规范和技术标准；

（三）制定公园管护和服务规范、操作规程；

（四）监督检查公园管护质量；

（五）组织培训公园管理人员和专业技术人员；

（六）组织公园资源调查，负责公园名录管理工作；

（七）指导县（市、区）公园行政主管部门业务工作；

（八）市人民政府赋予的其他职责。

第二十一条　建设单位应当确定公园管护单位，并报公园行政主管部门备案。

第二十二条　公园管护单位负责公园的日常管理、维护，履行下列职责：

（一）建立健全公园管护制度；

（二）建立、管理公园档案；

（三）管理公园内文化健身娱乐、配套服务等活动；

（四）执行安全管理规范，落实公园内安全管理措施；

（五）组织公园志愿服务活动；

（六）公园行政主管部门规定的其他职责。

第二十三条　公园管护单位应当制定安全管理制度，明确安全管理责任人并予以公布。

公园管护单位应当制定突发事件应急预案，定期组织演练。游客数量超过公园容量设计规定或者发生自然灾害、突发事件时，应当启动应急预案。

第二十四条　公园管护单位应当制定公园设施管护制度，加强公园内建（构）筑物以及各类设施的日常维护和安全管理，保持设施完好、安全。

第二十五条　公园管护单位应当按照园林绿化养护技术规范管理养护公园内的植物，加强植物病虫害防治。

第二十六条　公园管护单位发现水体污染、水位异常，应当立即向环境保护、水利部门报告，并配合采取措施治理。

公园管护单位应当保持公园内封闭式景观水体清洁。

第二十七条　公园管护单位应当制定公园卫生保洁制度，保持公园环境优美、整洁。

公园内应当实行垃圾分类管理。

第二十八条　公园内绿化养护、保洁、安保等项目委托相关专业单位实施的，应当按照公开、公平、公正的原则依法确定实施单位。

第二十九条　公园管护单位违反本条例规定，不履行管护职责的，由公园行政主管部门责令改正并告知公园建设单位；不予改正的，公园建设单位应当及时变更管护单位。

第九章　使用

第三十条　公园应当定时开放，每日开放时间不得少于十六小时。公园管护单位应当将开放时间在公园入口处公告。

因特殊情况需要闭园的，应当提前三日向社会公布，并向公园行政主管部门备案。

第三十一条　鼓励公园管护单位根据公园规模、游客容量等，依法组织民间交流、文化体育等活动，提高公园使用效率。

第三十二条　市公园行政主管部门应当建立公园名录信息系统，便于公众查询。

鼓励公园管护单位运用信息化、智能化方式提供服务。

第三十三条　根据游客容量和公众需求，公园内应当合理设置座椅、园灯、厕所、垃圾箱等公共服务设施和医疗、消防等应急设施，并按照有关标准设置无障碍设施。

第三十四条　综合公园入口处等显著位置应当设置游园示意图、公园简介、游园须知、服务指南、禁止行为警示牌，园内的路口应当设置指示标牌。

公园内的危险区域应当设置警示标志，健身、游乐等设施应当设置安全提示标志。

公园内的各类标牌应当规范清晰、整洁完整，文字、图形符合国家标准。

第三十五条　综合公园和有条件的社区公园应当配套建设健身步道、健身区、儿童户外活动场所，设置老年人休憩区、母婴室。

第三十六条　利用公园场地或者设施临时举办展览、宣传、演出、影视剧拍摄、商业摄影等活动的，应当符合相关管理规定，并与公园管护单位签订协议，在指定范围和时间内进行，不得损坏公园设施和景观。

在公园内举办大型群众性活动，应当符合国务院《大型群众性活动安全管理条例》的规定。

第三十七条　在公园内设置配套服务项目，应当符合公园设计方案的要求。

在公园内提供配套服务，应当遵守公园管理制度，接受相关行政管理部门的监督管理。

公园内禁止设立为特定群体服务的会所、会馆等非公益性场所。

第三十八条　公园内严格控制设置户外广告。需要设置的，应当依法审批。

第三十九条　公园管护单位可以禁止携带犬类等动物进入公园，残疾人需要携带导盲犬、扶助犬的除外。

禁止携带犬类等动物进入的公园，应当在公园入口处等显著位置设置禁止标志。未禁止的，动物携带者应当遵守公园管理规定，自行管理好动物，备好处置袋并及时清除动物的排泄物。

第四十条　禁止车辆进入公园，但下列车辆除外：

（一）老、幼、病、残者专用的非机动车；

（二）执行公务的执法车辆和执行任务的消防、救护、抢险等车辆；

（三）经公园管护单位准许进入的施工、养护、配送等车辆。

第四十一条　公园内的活动应当遵守噪音管理的有关规定。

第四十二条　公园内禁止下列行为：

（一）乱扔果皮、纸屑、烟蒂等废弃物，随地吐痰、便溺；

（二）在建（构）筑物、标志标牌、树木上涂写、刻划；

（三）在非指定区域游泳、滑冰、垂钓、烧烤、宿营；

（四）恐吓动物或者在非投喂区投喂动物；

（五）伤害、捕杀动物；

（六）擅自砍伐、移植公园内树木；

（七）损毁、采挖花草，损坏各类设施、设备；

（八）营火和在禁火区使用明火；

（九）算命、占卜等活动；

（十）散发商业性广告宣传品、流动兜售物品；

（十一）其他影响园容、景观和环境卫生，或者妨碍人身、财产安全的行为。

第六章　法律责任

第四十三条　凡有公园行政管理职责的行政机关违反本条例，不依法履行行政管理职责的，由其上级机关或者监察机关责令改正；不予改正的，对直接负责的主管人员、其他直接责任人员依法给予处分。

第四十四条　公园建设单位违反本条例规定，有下列行为之一的，由有关机关责令改正；不予改正的，依法给予处罚：

（一）不按照公园规划和设计方案建设的；

（二）不按照依法批准的土地用途和规划建设的；

（三）未经验收或者验收不合格即交付使用的。

第四十五条　违反本条例第二十六条规定，利用公园场地或者设施临时举办展览、宣传、演出、影视剧拍摄、商业摄影等活动，损坏公园设施或者景观的，由公园行政主管部门责令改正；拒不改正的，处以一千元以上五千元以下罚款。

第四十六条　违反本条例第三十九条规定，携带犬类进入犬类禁入的公园，劝阻无效的，由公安机关责令改正；拒不改正的，处以五十元以上二百元以下罚款。

违反本条例第三十九条规定，携带其他动物进入动物禁入的公园，劝阻无效的，由公园行政主管部门责令改正；拒不改正的，处以五十元以上二百元以下罚款。

第四十七条　违反本条例第四十条规定，不符合规定的车辆进入公园，劝阻无效的，由公园行政主管部门对车辆驾驶人给予警告，责令改正；拒不改正的，处以五十元以上二百元以下罚款。

第四十八条　违反本条例第四十二条第一项、第三项、第四项、第八项、第九项、第十项规定，劝阻无效的，由公园行政主管部门给予警告，责令改正；拒不改正的，处以二十元以上五十元以下罚款。

违反本条例第四十二条第二项、第五项、第七项规定，劝阻无效的，由公园行政主管部门给予警告，责令改正；拒不改正的，处以五十元以上二百元以下罚款。

违反本条例第四十二条第六项规定，由公园行政主管部门责令停止侵害，可以并处树木价值一倍以上五倍以下罚款。

第四十九条　依照国务院相对集中行政处罚权的规定，公园行政主管部门的行政处罚权确定由其他行政机关集中行使的，相关公园违法行为由其他行政机关负责查处。

第五十条　违反本条例规定，构成违反治安管理行为的，由公安机关依法予以处罚；构成犯罪的，依法追究刑事责任；造成损失的，依法予以赔偿。

第七章　附则

第五十一条 本条例中下列用语的含义是：

（一）“综合公园”是指具有较完善设施和绿化环境，适合公众开展各类户外活动的规模较大的公园；

（二）“社区公园”是指为一定居住用地范围内的居民服务，具有良好设施和绿化环境的公园。

第五十二条　封闭式管理公园依照有关法律、法规的规定实施管理。

第五十三条　本条例自 2017 年 12 月 1 日起施行。

参考文献

著作

1. 董磊、刘淑萍、王玉北：《城殇——中国城市环境危机报告》，江苏人民出版社 2013 年版。

2. 傅崇兰等：《中国城市发展史》，中华书局 2013 年版。

3. 计成：《园冶》，胡天寿译注，重庆出版社 2009 年版。

4. 李煜：《城市易致病空间理论》，中国建筑工业出版社 2016 年版。

5. 梁思成：《中国建筑史》，百花文艺出版社 2005 年版。

6. 梁远：《近代英国城市规划与城市病治理研究》，江苏人民出版社 2016 年版。

7. 马约翰：《体育的迁移价值》，载郭樑主编《体坛宗师——清华师生记忆中的马约翰》，清华大学出版社 2012 年版。

8. 王军：《城记》，三联书店 2003 年版。

9. 蔚芳：《城市公共开放空间规划》，科学出版社 2016 年版。

10. 吴良镛：《人居环境科学导论》，中国建筑工业出版社2008年版。

11. 俞孔坚、土人设计：《城市绿道规划设计》，江苏凤凰科学技术出版社2015年版。

12. 宗白华等:《中国园林艺术概观》,江苏人民出版社1987年版。

13. [美]爱德华·格莱泽：《城市的胜利》，刘润泉译，上海社会科学出版社2012年版。

14. [美]加文(Alexander Garvin):《公园:宜居社区的关键》,张宗祥译，电子工业出版社2013年版。

15. [美]简·雅各布斯：《美国大城市的死与生》，金衡山译，译林出版社2006年版。

16. [美]卡尔·史密斯：《芝加哥规划》，王红扬译，译林出版社2017年版。

17. [美]肯尼斯·B. 霍尔·JR、杰拉尔德·A. 波特菲尔德:《社区设计——关于郊区和小型社区的新城市主义》，许熙巍、徐波译，中国建筑工业出版社2009年版。

18. [美]潘德明(Thomas M. Paine)：《有心的城市》，中国建筑工业出版社2015年版。

19. [美]约翰·伦德·寇耿(John Lund Kriken)、[美]菲利普·恩奎斯特(Philip Enquist)、[美]理查德·若帕波特(Richard Rapaport)：《城市营造：21世纪城市设计的九项原则》，赵瑾等译，江苏人民出版社2013年版。

20. [美]史蒂芬·柯克兰：《巴黎重生》，郑娜译，社会科学文献出版社2014年版。

21. [英]埃比尼泽·霍华德：《明日的田园城市》，金经元译，商务印书馆2000年版。

期刊、论文

1. 曹世焕、刘一虹：《风景园林与城市的融合：对未来公园城市的提议》，《中国园林》2010 年第 4 期。

2. 陈敏、李婷婷：《上海郊野公园发展的几点思考》，《中国园林》2009 年第 6 期。

3. 陈忠暖、刘燕婷、王滔滔、吕逸宏：《广州城市公园绿地投入与环境效益产出的分析——基于数据包络（DEA）方法的评价》，《地理研究》2011 年第 5 期。

4. 崔柳、陈丹：《近代巴黎城市公园改造对城市景观规划设计的启示》，《沈阳农业大学学报（社会科学版）》2008 年第 6 期。

5. 丁继军、杨小军：《由纽约中央公园谈城市公园与公共空间》，《山西建筑》2009 年第 34 期。

6. 耿志石：《推进民生工程 建设幸福扬州——扬州城市公园体系建设特点》，《现代园艺》2017 年第 9 期。

7. 郭锐、黄珲：《贵阳市“公园城市”建设战略探究》，《现代园艺》2015 年第 24 期。

8. 韩炳越、郜建人：《大型公园绿地引领城市发展》，《中国园林》2014 年第 1 期。

9. 何颖：《公共图书馆——城市“第三空间”》，《情报探索》2013 年第 9 期。

10. 侯深：《自然与都市的融合——波士顿大都市公园体系的建设与启示》，《世界历史》2009 年第 4 期。

11. 黄晖：《国家园林城市评价指标体系的构建与优化研究》，南京林业大学学位论文，2010 年。

12. 贾鸿雁、张虹：《民国时期南京城市公园的建设与管理》，《扬州大学学报（人文社会科学版）》2017 年第 5 期。

13. 江俊浩：《从国外公园发展历程看我国公园系统化建设》，《华中建筑》2008 年第 11 期。

14. 江俊浩、邱建：《国外城市公园建设及其启示》，《四川建筑科学研究》2009 年第 2 期。

15. 姜允芳、刘滨谊、刘颂、王丽洁：《国外城市绿地系统分类研究的述评》，《城市规划学刊》2007 年第 6 期。

16. 靳晓雨：《浅谈美国纽约中央公园历史发展变化的启示》，《黑龙江史志》2014 年第 17 期。

17. 赖秋红：《浅析美国袖珍公园典型代表——佩雷公园》，《广东园林》2011 年第 3 期。

18. 李宏图：《英国工业革命时期的环境污染和治理》，《探索与争鸣》2009 年第 2 期。

19. 李苏鹏：《现代城市公园发展中存在的问题及其对策探讨》，《现代园艺》2015 年第 12 期。

20. 李韵平、杜红玉：《城市公园的源起、发展及对当代中国的启示》，《国际城市规划》2017 年第 5 期。

21. 林墨飞、唐建：《对中国“城市美化运动”的再反思》，《城市规划》2012 年第 10 期。

22. 刘佳、罗谦、刘含：《成都活水公园于城市公园建设的意义探索》，《山西建筑》2011 年第 2 期。

23. 刘晓光：《城市绿地系统规划评价指标体系的构建与优化》，南京林业大学学位论文，2015 年。

24. 刘源、张凯云、王浩：《城市公园绿地整体性发展分析》，《南京林业大学学报（自然科学版）》2013 年第 6 期。

25. 刘志强、洪亘伟、王俊帝：《中国建成区绿地率与人均公园绿地面积增长的协同度研究》，《中国园林》2015 年第 9 期。

26. 骆天庆：《美国城市公园的建设管理与发展启示——以洛杉矶市为例》，《中国园林》2013 年第 7 期。

27. 骆天庆、李维敏、凯伦·C. 汉娜：《美国社区公园的游憩设施和服务建设——以洛杉矶市为例》，《中国园林》2015 年第 8 期。

28. 吕静：《城市公园免费开放中的合作收益》，《陕西农业科学》2011 年第 1 期。

29. 吕强、高文秀、范杏：《基于服务范围的社区公园空间布局均衡性研究——以深圳市南山区为例》，《建筑与文化》2017 年第 6 期。

30. 马聪玲：《从世界主要城市公园看城市公共休闲空间的形成与演变》，《城市》2015 年第 3 期。

31. 孟祥彬、于滨：《园林中的健康运动空间——城市健康运动公园》，《中国园林》[illegible]年第[illegible]期。

32. 皮雨鑫，《我国当代城市公园发展历程与特征研究》，东北林业大学学位论文，2013 年。

33. 束晨阳、肖灿：《基于管理目标的京津冀国家公园体系构建》，《北京规划建设》2016 年第 4 期。

34. 孙斌、李亮：《小城市综合性公园的定位及规划设计原则》，《城乡建设》2010 年第 5 期。

35. 孙荣、吴闪：《空间理论视阈下的城市改造——以巴黎改造为例》，《公共管理与政策评论》2013 年第 3 期。

36. 陶晓丽、陈明星、张文忠、白永平：《城市公园的类型划分及其与功能的关系分析——以北京市城市公园为例》，《地理研究》2013 年第 10 期。

37. 田心怡:《纽约城市公共空间体系研究与借鉴》，华中科技大学学位论文，2015 年。

38. 托亚、闫晓云、谢鹏:《西方城市公园的发展历程及设计风格演变的研究》，《内蒙古农业大学学报（自然科学版）》2009 年第 2 期。

39. 汪瑜:《曼哈顿的空中花园》，《花木盆景·花卉园艺》2011 年第 6 期。

40. 王保忠、安树青、王彩霞、宋福强、张智俊:《美国绿色空间思想的分析与思考》，《建筑学报》2005 年第 8 期。

41. 王君、刘宏:《从“花园城市”到“花园中的城市”——新加坡环境政策的理念与实践及其对中国的启示》，《城市观察》2015 年第 2 期。

42. 王菊萍、谢良生:《深圳市社区公园建设与发展研究》，《中国园林》2009 年第 12 期。

43. 王敏、彭英:《基于游憩机会谱理论的城市公园体系研究——以安徽省宁国市为例》，《规划师》2017 年第 6 期。

44. 吴元芳:《城市公园免费开放背景下北京市民公园休闲行为变化与特征》，《地域研究与开发》2015 年第 5 期。

45. 徐波、郭竹梅、张亚红、李悦:《以世界城市为目标构建首都公园体系》，《北京园林》2011 年第 2 期。

46. 徐欢、朴永吉:《城市综合性公园地域特色构成要素研究》，《中国园林》2010 年第 12 期。

47. 徐欢、朴永吉、付晖:《关于城市综合性公园地域特色塑造的研究》，《山东农业大学学报（自然科学版）》2009 年第 1 期。

48. 鄢进军:《基于 Huff 模型的城市公园绿地系统规划布局探讨》，西南大学学位论文，2012 年。

49. 杨静怡、杨军、马履一、贾忠奎：《中国城市绿化评价系统比较分析》，《城市环境与城市生态》2011 年第 4 期。

50. 杨鑫、张琦、吴思琦：《特大城市绿地格局多尺度、系统化比较研究——以北京、伦敦、巴黎、纽约为例》，《国际城市规划》2017 年第 3 期。

51. 姚正厅、李永祥：《城市旧区更新与公共空间规划建设——以上海中兴绿地公园为例》，《公共艺术》2016 年第 1 期。

52. 叶耿廷、陈伟燕：《城市公园建设存在的问题及对策分析》，《科技创新导报》2016 年第 29 期。

53. 余淑莲、王芳：《深圳市公园分类研究及实践》，《中国园林》2014 年第 6 期。

54. 俞孔坚、吉庆萍：《国际“城市美化运动”之于中国的教训(上)——渊源、内涵与蔓延》，《中国园林》2000 年第 1 期。

55. 詹建芬：《论风景区公园的免费开放政策——一种基于外部性的公共产品定价策略》，《经济体制改革》2008 年第 6 期。

56. 张纯：《生态园林城市绿地系统研究》，西北农林科技大学学位论文，2011 年。

57. 张京祥、陈浩：《中国的“压缩”城市化环境与规划应对》，《城市规划学刊》2010 年第 6 期。

58. 张静雨、张景秋：《从芝加哥城市公园体系透视国家中心城市人文创新环境建设》，《北京规划建设》2017 年第 1 期。

59. 张天洁、李泽：《从传统私家园林到近代城市公园——汉口中山公园 (1928 年—1938 年)》，《华中建筑》2006 年第 10 期。

60. 张天洁、李泽：《西方近代公园史研究刍议》，《建筑学报》2006 年第 6 期。

61. 张文凌：《开启抢救模式 大理迎来史上最严洱海治理令》，

《中国青年报》2017 年 4 月 4 日。

62. 张秀飞：《太原市生态城市建设战略研究》，山西大学学位论文，2010 年。

63. 赵晶、朱霞清：《城市公园系统与城市空间发展——19 世纪中叶欧美城市公园系统发展简述》，《中国园林》2014 年第 9 期。

64. 赵磊、吴文智：《本土文化传承与城市公园绿地规划》，《城市发展研究》2013 年第 8 期。

65. 赵晓铭、孟醒：《欧洲主要国家现代城市公园发展动态与经验借鉴》，《中国园林》2013 年第 12 期。

66. 郑权一、赵晓龙、赵冬琪：《基于海绵城市口袋公园微气候景观研究》，《低温建筑技术》2016 年第 10 期。

67. 周芳珍、赵至成：《上海嘉北郊野公园规划过程中的几点思考》，《上海城市规划》2013 年第 5 期。

68. 朱明：《奥斯曼时期的巴黎城市改造和城市化》，《世界历史》2011 年第 3 期。

后　记

新时代的新发展理念，特别是以人民为中心的发展思想、生态文明思想、公园城市建设理念，既为我们指明了工作方向，也为我们贯彻落实习近平新时代中国特色社会主义思想提出了具体的新课题。组织上[illegible]，既是对我们的挑战，也为我们提供了干事创业的好平台。新课题、好平台，是我们进行公园城市建设探索与实践的前提。

感谢江苏人民出版社。他们多年深入调研扬州的公园体系建设，认为扬州的做法是贯彻落实习近平总书记以人民为中心发展思想的具体实践，案例性很强。习近平总书记 2018 年 1 月份在成都视察提出要规划好建设好公园城市指示后，他们立即敏锐认识到这一课题的重要性，将《公园城市》确定为江苏人民出版社 2018 年的重点选题。徐海社长对此书高度关注，不仅调动最专业也是最敬业的团队帮我策划，自身也亲力亲为，深度参与到此书的编辑之中，提出许多十分独特、精辟的见解。这一年，他常常以送书籍、发图片等方式，时时提醒我克服惰性，把定下来要做的题目做下去。我想，这是他作为出版人政治上的敏锐，也是他作为一个出版工作者对社会、对人民的责任感。感谢江苏人民出版社的唐爱萍首席编辑、强薇编辑和黄山编辑，他们不仅是本书的责任编辑，也是再度创作者。我能强烈感受到他们编辑的不是一本专业书，而是在共同研究一个和他们生活密切相关的社会课题。

感谢多年来与我一起工作，特别是一起谋划、一起设计、一起推进公园城市建设的同事。他们为大大小小、各具特色又都受百姓欢迎的公园贡献了智慧和汗水，这些也是本书最为鲜活的素材。我们一起推进公园城市建设探索与实践的过程，就是这本书酝酿和形成的过程。能够在有限的工作时段，和一群有本事的人一起在一个历史文化名城干成一两件对人民、对城市有意义的事，是人生的乐趣。

扬州的公园城市探索得到许多专业人士的关注。万科创始人、亚洲赛艇联合会前任主席王石先生不仅从城市开发而且从体育运动的角度多次对扬州公园城市建设作出评价，他还逐字逐句对此书样稿提出许多真知灼见；人民日报社体育部李中文主任多次来扬调研，发表了多篇关于扬州体育公园建设的评论。我们从这些专业人士的评论评价中受益匪浅。

推进公园建设过程中，经常碰到市民或客人当面向我们提出建议，也从网络上看到多种意见，这些建议和意见，既是对我们工作的监督，也促使我们不断去审视、深思我们正在开展的工作。对城市的公共建筑、公用设施各抒己见，包括吐槽，是一个城市的市民对这个城市热爱和有责任感的表现。我们十分珍惜、认真倾听这些意见和建议，在工作和本书中研究和吸收了许多来自各方面的意见。

扬州市委办和规划、建设、园林部门的同事，沙志芳、刘流、肖卫东、刘雨平、任彬彬……他们为本书的写作直接贡献了智慧，付出了辛劳。他们认真、细致、投入、负责，始终坦率地在讨论中把自己的想法讲出来，把人家即使是平时零散的想法，甚至是偶然提起的一个观点记录下来，恰到好处地融汇到本书的相关章节中。感谢蒋永庆、张孔生等热心市民和摄影记者，他们以普通人的视角、专业的水准，拍摄、记录了城市之美，为本书提供了大量的图片素材。任何一项工作都是团队合作，团队成功的前提是有共识共鸣。这本书的写作也证明了这一点。

谢正义

2018 年 10 月